人気店の

天然酵母パンの技術

レーズン種、フルーツ種、小麦種、酒種…で作るパンの技術

旭屋出版

人気店の天然酵母パンの技術

人気の天然酵母パン「元種《もとだね》」づくり

人気店に学ぶ天然酵母パンの作り方

評判の天然酵母パンいろいろ

天然酵母パンで人気の店の魅力

※パンの価格、お店のデータは、平成14年２月現在のものです。

人気の天然酵母パン
『元種』づくり

- レーズン種
- フルーツ種
- 小麦種
- サワー種
- 酒種

天然酵母とは、自然界の微生物をパンづくりに適するように培養したもの。今話題の酵母にはフルーツや穀物、酒麹などがあるが、独特の工夫を凝らすことで、同じ種でも様々な〝個性〟を持った酵母に育てていくことができる。人気店の技を紹介。

レーズン種の作り方

東京・上野『ナガフジ』

PROCESS

材料を混ぜる
↓
発酵させる（1週間）
↓
レーズン種の中種の完成

レーズンと水を同量にして、より力強い酵母菌を培養する

レーズン種は天然酵母の中でももっともポピュラーだ。一般的にレーズンと水の分量比は約1対3だが、同店ではレーズンと水が同量とレーズンの量が非常に多い。これは、レーズンに付着している酵母菌をよりたくさん集めることで発酵力を強化するためだ。

レーズン種の作り方は、材料を混ぜて1週間発酵させるだけだが、その後、できたレーズン種に強力粉と全粒粉を加えて1日置き、おこし種を作る。この時全粒粉を加えるのは、周りに付着している野性酵母菌を取り込んで酵母を強くするため。翌日、そのおこし種に粉と水を加えて1日置き二番種を、さらにこれに前日と同量の材料を加えて1日置けば、中種の完成となる。

1

レーズン種を作る

カリフォルニアレーズンと水各500ｇ、砂糖15ｇをよく混ぜ、ラップをして竹串で5カ所ほど空気穴をあけて28℃・湿度約80％の場所に1週間放置。目の細かい清潔なふきんに包んで強く絞れば、レーズン種の完成。

2

おこし種を作る

レーズン種500ｇに対して強力粉250ｇと全粒粉125ｇを加え、へらでよく混ぜて約25℃の室温に1日置くと、写真のようなおこし種ができる。少し熟成が促され、表面上に小さな気泡が無数にできている。

3

中種を作る

おこし種全量と強力粉250ｇと全粒粉125ｇ、水500ｇを混ぜて約25℃の室温に1日置き、二番種を作る。さらに翌日、前日と同量の材料を加え、前日と同じ条件で1日置く。こうして写真の中種が完成。

※この中種を使ったパンの作り方は16・17ページを参照のこと

レーズン種の作り方

東京・新宿『峰屋』

ブドウエキスを生地に加えて レーズンの香りをより活かす

レーズン種では前出の、『ナガフジ』のようにまずブドウエキスを作り、これに小麦粉などを継ぎ足していって元種とするのがベーシックな方法。一方『峰屋』では、レーズンの香りを最大限活かすため、ブドウエキスをそのまま生地に加える方法をとっている。

ただし、生地のこね上がり温度や発酵時間などに細心の注意を払わないと失敗しやすい方法でもある。こね上がり温度は夏場は20℃前後、冬場は30℃前後くらいになるように水温を調節する。発酵は30℃で12時間程度行い、酵母と生地をじっくりなじませる必要がある。

PROCESS

材料を混ぜる
↓
水を足しながら発酵させる（約1週間）
↓
漉して生地に加える
↓
発酵させる

1

軽く水洗いしたレーズンを、消毒したボウルに入れ、適量のモルトを加える（写真上）。さらに水をひたひたに注ぐ（写真下）。

2

多少空気の出入りがあるよう蓋をして、27〜30℃の場所で約1週間発酵させる。その間1日数回は混ぜるようにし、レーズンが水を吸っていたら水を足して、常にひたひたの状態になるようにする。

3

レーズンが完全に浮いてきて、混ぜるとぷくぷくと泡立つようなら発酵完了。強いアルコール臭がする状態だ。

4

3を漉して、エキスのみ生地に加えミキシングする。こね上がり温度が夏は20℃、冬は30℃になるよう水温を調節する。こね上げた生地は、30℃で12時間発酵させる。

『峰屋』のレーズン種を使ったパン

天然酵母ナチュラル　300円

レーズン種を用いて作る山型食パン。毎週月曜日にしか焼かないが、焼き上がりに合わせて来店する客も多い。塩は天然塩を使用する。

レーズン種の作り方

千葉・新松戸『Pao』

季節に応じて温度を調節し、定期的に攪拌しながら発酵！

レーズンはエキスの出来を左右するため、同店ではオイルコーティングしていない上質のものを使う。

培養方法は、まず、煮沸消毒した密封ビンにレーズンと水を入れ、毎日ガス抜きをしながら約5日間発酵させる。この間、水は足さないこと。レーズンの中身が溶け出して液が濃い茶色になり、強い甘いにおいがする状態になったら発酵完了だ。

PROCESS

材料を混ぜる
→ 発酵させる（5日間）
→ エキスの完成
→ 小麦粉と塩、モルトを加え（液種A）発酵させる（24時間）
→ 小麦粉と水、塩、モルトを加え（液種B）発酵させる（24時間）
→ レーズン種の完成

こうしてできたエキスに小麦粉と塩とモルトを加えて混ぜ、液種Aを作る。種や粉の状況にもよるが、夏は約21～22℃、冬は約24～25℃の場所で60～90分ごとに攪拌して24時間発酵させる。すると、表面にガスの気泡ができ、ヨーグルト状になる。

この液種Aに小麦粉と塩とモルト、水を混ぜて液種Bを作り、Aと同じ条件で24時間発酵。攪拌も同様に行う。

こうしてレーズン種が完成するが、新鮮なものほど風味や発酵力が勝っているため、同店ではこの種を毎日仕込み、使い切りにしている。パンに使用するにはさらに中種を仕込む（中力粉と水を加えて混ぜる）作業があるので、酵母種はパンを焼く前日までに仕込んでおくことが必要だ。

1

エキスを作る

煮沸消毒した密閉ビンにレーズンと水を1対5の割合で入れ、毎日ガス抜きしながら約5日間発酵させる。この間、水は足さない。液が濃い茶色になり、強い甘いにおいがする状態になったらエキスの完成。

2

液種Aを作る

エキス100に対して小麦粉（中力粉）約60、塩とモルト各1.6の割合で加えて混ぜ、液種Aを作る。夏は約21～22℃、冬は約24～25℃の場所で、60～90分ごとに攪拌して24時間発酵させる。夜間は温度の低い場所に置いて発酵具合を調整するとよい。

3

液種Bを作る

液種A100に対して小麦粉100、塩1.4、モルト1.2、水50の割合で加えて混ぜて液種Bを作り、液種Aと同じ条件で、同様に攪拌しながら24時間発酵させる。発酵の最終的な見極めは、酵母の微妙な色の変化やさわやかな酸味臭などから総合的に判断する。

※このレーズン種を使ったパンの作り方は20ページを参照のこと。

リンゴ種の作り方

神奈川・鶴見『エスプラン』

元種の前段階のスターターは使い切らずに継ぎ足して使う

一般的に、リンゴに付着する酵母は増殖しにくいといわれる。『エスプラン』でもリンゴ種の発酵を安定させる製法を見つけ出すのに、半年以上費やしたという。

リンゴは皮をむいてすりおろして使うが、水洗いして雑菌を除けば皮付きのまま使ってもよい。というのも、皮

1

スターターを作る

リンゴは皮をむいておろし（写真上）、消毒した容器に入れて水、グラニュー糖を加える（写真下）。リンゴ50ｇに対して水とグラニュー糖各20ｇの割合。同店ではリンゴは「ふじ」を使用。

2

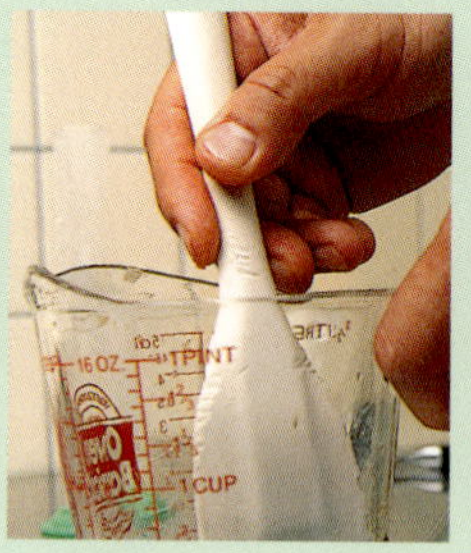

1をよく混ぜたら、容器についた水分やリンゴをゴムべらできれいに落とす。こうすることで、発酵によってどのくらい膨らんだかがわかりやすくなる。

3

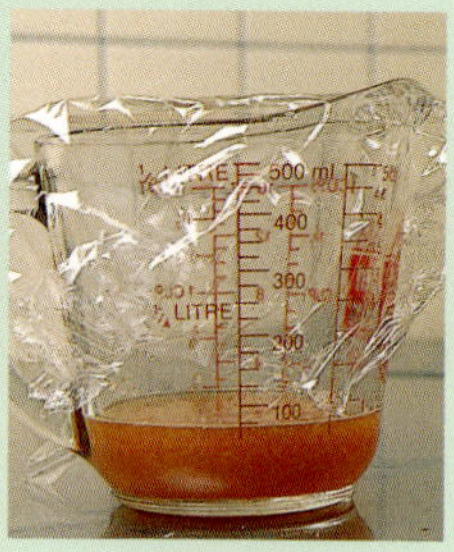

2に、多少空気が出入りするように軽くラップをかけ、約27℃の場所で24時間発酵させる。細かい気泡が表面に浮く状態になる。

4

3の種90ｇに強力粉と水各20ｇを加えて混ぜ、約27℃の場所で24時間発酵させる。写真下のように一度膨らんでから沈んだ形跡があれば発酵が成功している。形跡がなければ、酵母が活性化していないと判断できる。

5

4の種に強力粉と水を加えて発酵させる作業を、以下の分量で５日目まで繰り返す。３日目は種130ｇに強力粉50ｇ、４日目は種180ｇに強力粉50ｇと水20ｇ、５日目は種250ｇに強力粉250ｇと水125ｇ。これがスターターになる（写真の状態）。

と果肉の間にパン作りに適した酵母が多くいるともいわれているからだ。こうしてすりおろしたリンゴに水と砂糖を加えるが、水の温度は、酵母が活性化する27℃前後に調節すること。

その後、酵母に小麦粉と水を継ぎ足しながら、約1週間かけて増殖させていく。これが元種の前段階のスターターになる。

スターターに強力粉と水を継ぎ足していき、元種とするが、ここでスターターを使い切らないようにし、残したものに強力粉と水を継ぎ足して、再びスターターとして使うようにすると効率的だ。継ぎ足す分量は、スターター1に対して強力粉1、水0・5の割合である。

PROCESS

- 材料を混ぜる
- 強力粉と水を足しながら発酵させる（5日間）
- スターターの完成
- 強力粉と水を加えて発酵させる（1日）
- キャンバス地で包んで冷蔵庫で寝かせる（2～3日間）
- 元種の完成

6

元種を作る

完成したスターター300gをミキサーに入れ、強力粉300g（写真上）と水150g（写真下）を加える。

7

水分が均一になるよう低速でミキシングしたら、ボウルに入れて軽くラップをかけ、27℃の場所で24時間寝かせる。

8

7の生地を専用のきれいな平台にのせ、麺棒で軽くのしてガスを抜き、3つ折にする。これをキャンバス地で包み、ロープで縛る。生地が膨らんでくるので、ロープは指が入る程度にゆるめに巻いておく。

9

8を10℃前後の冷蔵庫に入れて2～3日寝かせたら、キャンバス地を外して必要な分だけを切り分け、硬化した皮の部分を包丁で落として、残りを元種として使う。

『エスプラン』のリンゴ種を使ったパン

ヴェネチアーナ　1300円

イタリアを代表する菓子パンで、リンゴ種を使用するのが伝統的な製法。卵黄を35%配合した生地はコクがある。ドライフルーツもたっぷりと使う。

酒種の作り方

東京・新宿『峰屋』

日本人の味覚に合う天然酵母発酵力が弱いので扱いに注意

米飯に米麹をまぶして水を加え、麹菌と酒母（酒酵母）を増殖させたものが酒種。甘酒のような甘い香りのするパンを作ることができる。日本人の口に合う風味で、同店のようにあんぱんに用いることが多い。

ただ酒酵母は発酵力が弱いので、イーストと併用することが多い。この時

1

消毒したボウルに少し柔らかめに炊いた米飯を入れる。米は丁寧に研いでおくこと。『峰屋』では、無農薬栽培の米を使用。

2

米麹を加える。加える米麹の量は、米麹の質や作業する場所の室温・湿度などによって変わってくるので、経験で判断する。

3

さらに水を加える。米がひたひたになるくらいを目安にする。

イーストを使いすぎると酒酵母の独特の風味が消えてしまうので、注意が必要だ。また、米を丁寧に研いでおくことも大切。雑菌を除いておくことで、発酵がスムーズに進むようになる。使用するボウルなどの容器や器具もしっかり消毒しておこう。

種が出来上がるまで約2週間かかるが、2〜3日後くらいから発酵が活発になってぷくぷくと泡立ち始めたら、頻繁に混ぜるようにする。これを怠ると、表面にカビが発生する恐れがあるので注意する。

継ぎ足していく米飯と水の分量は、何度も酒種を作り、感覚的に覚えるものだという。気温や湿度によっても違ってくるので、成功した時の味、香り、見た目をよく覚えておき、最終的にその状態になるように2週間かけて調節していくことがポイントである。

PROCESS

材料を混ぜる
↓
発酵させる（1日）
↓
米飯を継ぎ足して
発酵させる（1日）
↓
これを約2週間繰り返す
↓
酒種の完成

4

3を、米がバラバラになるよう木杓子で混ぜる。

5

消毒した容器に移し（写真上）、多少空気が出入りできるように蓋をする（写真下）。そのまま27℃の場所で約24時間発酵させる。その間、途中で何度か軽くかき混ぜる。

6

消毒したボウルに、1と同様に炊いた米を入れ、5の種を同量加える。木杓子で混ぜ合わせたら蓋をして、27〜30℃の場所で24時間発酵させる。

7

種と米飯を合わせ発酵させる作業を2週間くらい繰り返す。2〜3日後あたりから発酵が活発になり、ぷくぷと泡立ち始めるので、その都度軽く混ぜるようにする。上の写真は3日目の状態。

『峰屋』の酒種を使ったパン

酒種あんぱん　80円

ほのかに甘い香りがする酒種は、日本人が親しみやすい風味で、菓子パンによく合う。特にあんぱんとの相性は抜群だ。

サワー種の作り方

神奈川・鶴見『エスプラン』

独特の酸味と香りが魅力で、ドイツのライ麦パンと好相性

サワー種は、ライ麦粉に水を加えて粉に付着した酵母などを培養したもの。ドイツのライ麦パン作りに用いられる種として知られており、独特の香りと酸味でパンの風味を引き立てる。

　サワー種を作るには、まず、ライ麦粉に水を加えて発酵させ、酵母を十分に増殖させる。同店では酵母が多く付

1

消毒したボウルにライ麦の全粒粉200ｇを入れる。ライ麦粉はできるだけ新鮮なものを使うと発酵しやすい。

2

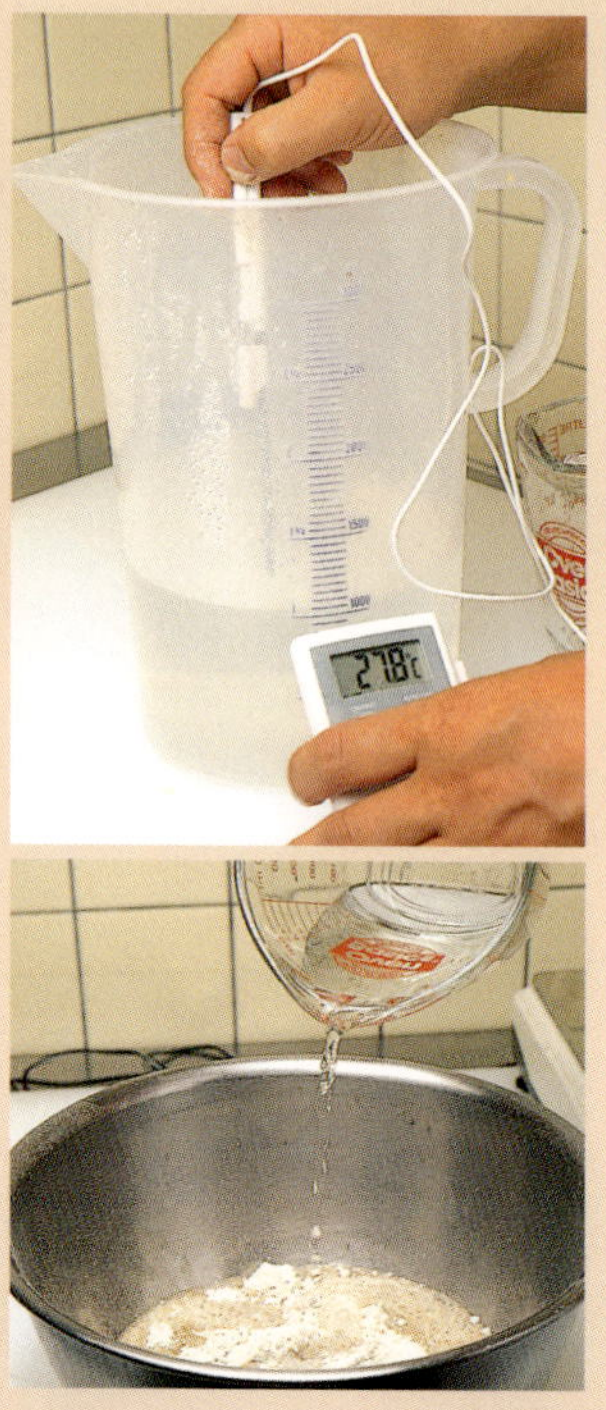

27℃のぬるま湯200cc を加える（写真下）。温度が低いと発酵が促進せず、高すぎると乳酸発酵が進んで苦みや酸味が強くなるので、正確に測ってから加えること（写真上）。

3

水分が均一に行き渡るまでゴムべらでよく混ぜる。

4

3に、空気が出入りできるように軽くラップをかけ、27℃の場所で約20時間発酵させる。

着しているライ麦の全粒粉を使用。できるだけ新鮮なライ麦粉を使うと、発酵が成功しやすいという。

　発酵は毎日種継ぎしながら約1週間かけて行う。手順の中では、各段階の発酵時間を目安として記したが、発酵の完了は目で見て確かめる方がよい。発酵が進むと種が膨れあがってきて、ある時点を境に沈み始める。この沈み始める直前か直後あたりになったら、ライ麦粉と水を継ぎ足すようにする。

　一番の注意点は温度管理。27℃前後で発酵させるのがベストで、それ以上の温度で発酵させると乳酸菌も活性化し、苦みや酸味が強くなる。もともと酸味の強い種なので、高温での発酵は避けるようにしたい。

PROCESS

材料を混ぜる
↓
発酵させる（約20時間）
↓
ライ麦粉と水を継ぎ足して発酵させる（20～24時間）
↓
これを4日間繰り返す
↓
種の一部を取り出し、ライ麦粉と水を継ぎ足して発酵させる（1～2日間）
↓
サワー種の完成

5

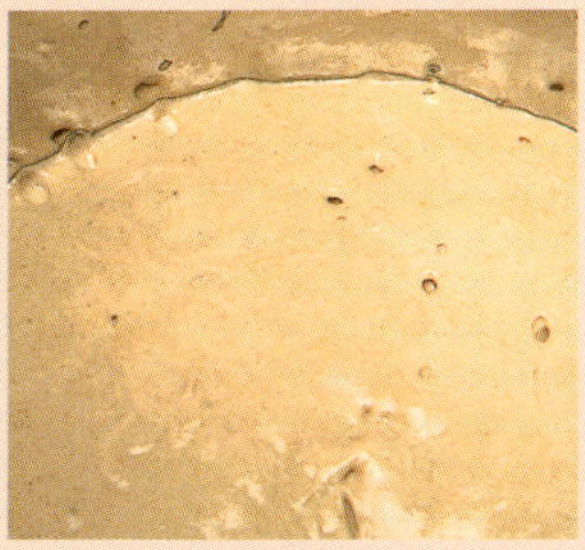

4の種に、ライ麦粉と水を加えて混ぜる。種20ｇに対してライ麦粉と水各100ｇの割合。これにラップを軽くかけて27℃の場所で20～24時間発酵させる。この作業を４日間繰り返すと写真のような状態になる。

6

5の種20ｇを消毒したボウルに入れる。残った種は、10℃の冷蔵庫で１週間くらいは保存することができる。

7

6にライ麦粉100ｇ（写真上）、水100ｇ（写真下）を加える。

8

ゴムべらでよく混ぜたら（写真上）、軽くラップをかけ、27℃の場所で１～２日発酵させる。膨れあがってきて、沈み込む直前か直後の状態がベスト。

『エスプラン』のサワー種を使ったパン

セザムブロート
1ｇ2円

小麦粉に対して白ゴマ、黒ゴマを約20％も使用している。サワー種は20％配合。サワー種の酸味とゴマの風味をバランスよく取り合わせたドイツのパン。

小麦種の作り方

神奈川・平塚『ル パスポート』

PROCESS

材料を混ぜる
↓
発酵させる（12時間）
↓
小麦粉と水を継ぎ足して発酵させる（10～24時間）
↓
これをさらに2回繰り返す
↓
小麦粉と温度調節した水を加えミキシングする
↓
小麦種の完成

※これは最短の場合。種の状態により作業工程を加減する

抗菌シャーレとラップを使い雑菌が混入しないようにする

　小麦種は小麦に付着している酵母を水で培養したものだが、その量がごく微量のため、同店ではより発酵力のある細挽きの小麦粉を使用。また、できる限り質の高い種を作るため、元種を作る時は化学実験で用いられる抗菌シャーレを使い、熟成時の覆いには抗菌ラップを使用するなど、雑菌の混入を極力避ける工夫をしている。

　作り方は、まず小麦粉と水を混ぜて覆いをし、26℃前後の場所に放置して元種を作る。次に小麦粉と水を練ったものに元種を加えて覆いをし、26℃前後の場所に放置する。季節や小麦の鮮度などにより発酵度合いが違ってくるので、気泡や香りで熟成時間を見極めることが大切だ。その後、小麦粉と水を加えて混ぜることを繰り返し、最後に小麦粉と温度調節した水を加えてミキシング。これで種が完成する。

　加える小麦粉の量は、夏はかため、冬はゆるめになるよう調整が必要。

　また、種は全部使い切らずに残し、小麦と水を加えて種継ぎして使用するとよい。

1

元種を作る

抗菌シャーレに小麦粉100ｇと水100ccを入れて混ぜ、抗菌ラップで覆う。そのまま26℃前後の場所に12時間置いて発酵させる。

2

小麦種を作る

小麦粉100ｇと水100ccを練ったものに1の元種を加えて抗菌ラップで覆い、26℃の場所に10～24時間置いて発酵させる。その後小麦粉200ｇ、水200ccを加えて混ぜ、26℃の場所に10～24時間置いて発酵させることを2回繰り返す。

3

最後に、小麦粉2kgと、こね上げ温度が30℃になるように調整した水2000ccを加え、低速のミキサーでダマがなくなるまでミキシングする。加える小麦粉の量は、仕上がり時に手で持てる程度のかたさと粘りがあるのを目安にする。

※この小麦種を使ったパンの作り方は21ページを参照のこと。

人気店に学ぶ

天然酵母パンの作り方

天然酵母は、イーストに比べて発酵力が弱く、少しでも“機嫌”が悪いと、パンの発酵にバラ付きができてしまう。一回一回が勝負といっても過言ではない天然酵母。しかし、だからこそ、作り甲斐があり、工夫のし甲斐があるというもの。人気のお店では、扱いが難しい天然酵母に対して、どのように気を配りながら、安定した味を作り出しているのか。その秘密を公開する。

天然酵母レーズンパンの作り方

風味・重量感とも
しっかりしたレーズンパン

■天然酵母レーズンパン　600円

レーズンとくるみがたっぷり入った重量感のあるパン。
食感がよく、レーズンの甘みと酸味が生きていて味わいもしっかりしている。

生地に空気が入らないよう、速度調節してミキシングする

同店の自家製レーズン種は、仕込みを始めてから11日目で中種が完成する。さらにこの種を使った「天然酵母レーズンパン」は週末にのみ焼いているので、日にちを逆算して種の仕込みを行っている。

同店のパン作りのポイントは、ミキシングの速度。高速で混ぜると生地に空気が入り風味が落ちてしまうことから、通常の20％ほど減速している。

配合

中種	70％
中力粉	60％
全粒粉（グラハム粉）	10％
天塩（沖縄産）	2.3％
カリフォルニア・レーズン	40％
くるみ	20％
水	20％
100℃の熱湯	10％
中力粉・ライ麦粉（飾り用）	適量

※レーズンは蒸し器で10分間蒸す。
※前処理として仕込み2時間前に全粒粉と熱湯を合わせておく

●東京・上野『ナガフジ』

Point 1

本ごね生地の仕込みをする。粉、中種、天塩を入れて低速で4分間、中速で1分間ミキシング。この時高速で混ぜると生地に空気が入って風味を落としてしまうので注意。同店ではミキシングの速度を通常の20%減速している。

2

こね上げ温度が約28℃になるように水温調整をした水、レーズン、くるみを加え、低速で30秒間、中速で30秒間ミキシング。材料を生地全体になじませる。

3

こね上がったら生地を箱に移し（写真左）、蓋をして30℃、湿度75%のホイロで3時間ほど1次発酵させる（写真下）。

4

途中2時間たったところでパンチをする。両手で生地を軽く均等にならし、3つ折りを縦・横、向きを変えて1回ずつ行い箱に戻す。生地の扱いは、風味を逃さないよう、あくまでもやさしく丁寧に。

5

打ち粉（強力粉）をした台に取り出し、スケッパーで500ｇに分割する。生地をつぶさないように軽く丸め、打ち粉をした箱に並べて室温で20分間ベンチタイムをとる。

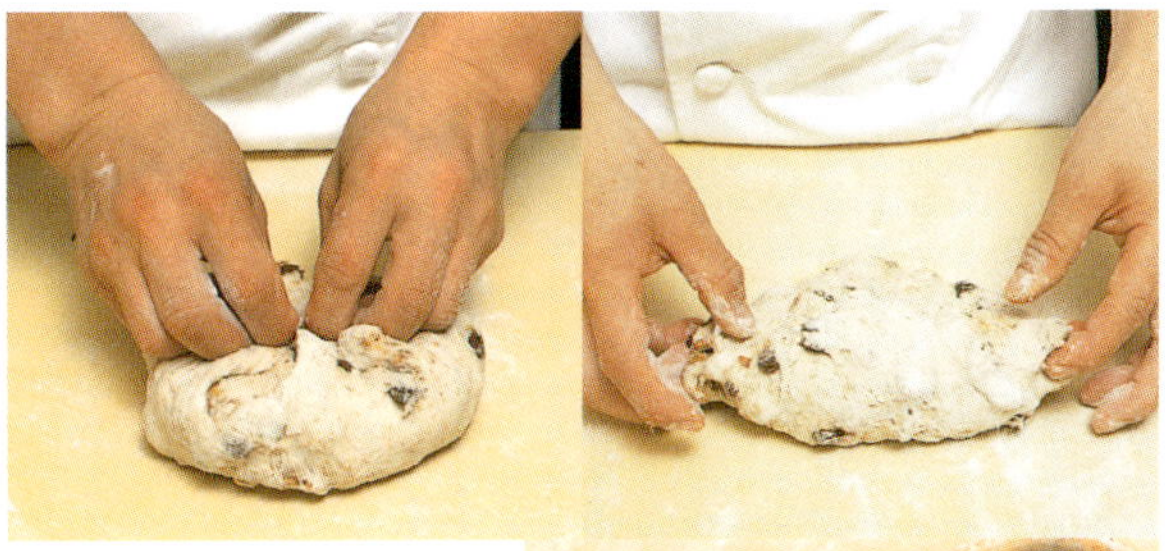

6

打ち粉をした台に取り出し、軽くのしてから3つ折りを3回ほど繰り返し（写真上右、左）、合わせ目を上にしてカゴに入れる（写真右）。この時あらかじめカゴには中力粉とライ麦粉を同量合わせたものをふるっておく。その後30℃、湿度75%のホイロに入れて1時間ほど2次発酵させる。

7

カゴから出して、模様が上になるようにシートに並べる。ナイフで格子状にクープを入れ、茶こしを使って表面にライ麦粉をふるう。

8

オーブンに入れ、最初は200℃で約5分間、その後185℃に下げてスチームを入れて約45分間焼く。スチームを入れると焼き上がりがパリッとするだけでなく、表面にツヤが出て、見た目にも美しく仕上がる。

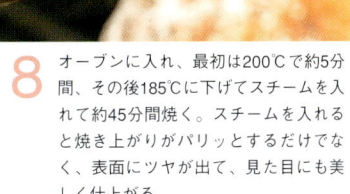

バケット・カンパーニュの作り方

香りも食感も含めて トータルな味わいを追求

■バゲット・カンパーニュ　150円

「皮はパリッと香ばしく、中はモチモチ」という食感と、小麦粉が特徴。

●東京・梅ヶ丘『ラ・フーガス』

こね上げ温度を低めにしフランス産小麦粉の風味を引き出す

自家製のレーズン種を使用。「酵母の出来で味の8割は決まってしまう」ため、休日も酵母の種継ぎのために店に立ち寄り、様子を確かめるほど酵母の状態に気を遣う。

生地は、前日に約半日かけてゆっくり熟成させた中種と、フランス産の小麦粉2種類を混ぜて作る。ポイントは、長時間発酵させるためにこね上げ温度を約23℃と低めに抑える点。こうすることで、小麦粉の風味を引き出している。

この「バゲット・カンパーニュ」は同店の「バゲット・バタール」より分割重量が半分以下の150g。小さく分割することでバゲットのクラストの部分が多くなり、外のクラストと中のクラムのバランスがおもしろい食感を生んでいる。

レーズン種の作り方

カリフォルニア・レーズンに水を加えて約1週間かけて発酵させ、液種を絞る。その絞り汁250ccに強力粉256g、グラハム粉（全粒粉）64gを加えて室温に12時間放置して発酵させる。そこから500g取って強力粉400g、グラハム粉100g、水400gと混ぜて、室温で6時間放置する。いずれも発酵の目安は2倍に膨らんだ時。これを2回繰り返して完成させた元種は、室温で3時間ほど置いた後、様子を見ながら冷蔵庫か20℃くらいの場所で保管し、毎日種継ぎを行う。同店では、4年前に完成した元種の香りや状態を毎日確かめながら使用している。

配合

［中種］

元種……100%
石臼挽き粉……50%
強力粉……50%
水……80%

［本ごね生地］

フランス産小麦
（日清製粉テロワール）……45%
（丸信製粉スワッソン）……45%
ライ麦細挽き粉
（第一製粉ライE）……10%
中種……50%
水……60%
塩（沖縄シママース）……2.25%
モルト（ユーロモルト）……0.5%

1

まず中種を仕込む。中種は、前日に元種の種継ぎを行う時に作っておく。ボウルに材料を入れて混ぜ、ある程度混ざったら、今度はこね台の上でよく混ぜる（写真上）。種継ぎしたものから必要量を中種としてボウルに取り分け、室温で約半日発酵させる（写真下）。

2

できた中種と他の材料をボウルに入れ、水温を低めに、低速で3分間、中速で4分間ミキシングする。

Point 3

長時間発酵させるため、こね上げ温度は23℃くらいと低めに設定する。

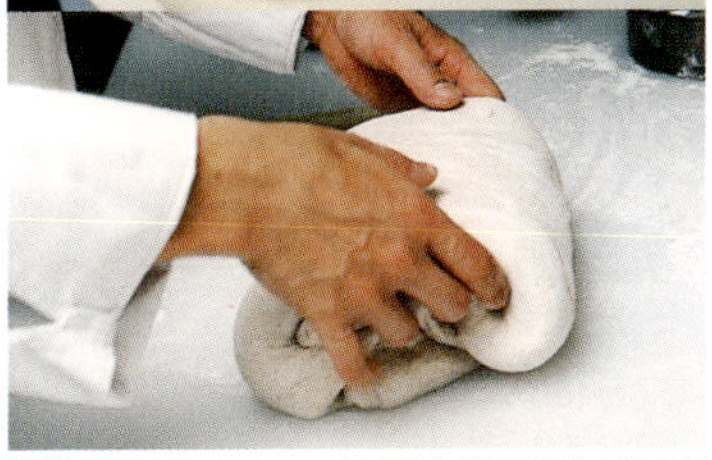

4

28℃、湿度75%のホイロで約2時間半発酵させる（写真上）。発酵後、膨らんだ生地を縦横に3つ折にたたんでガス抜きをする（写真下）。

5

さらにホイロで1時間発酵させる。下の写真は1時間発酵させた後のもの。

6

打ち粉（強力粉／分量外）をした台に生地を取り出し、スケッパーで、生地重量を150gに分割して軽く丸める。打ち粉をした箱に並べて、室温で25分間ベンチタイムをとる。

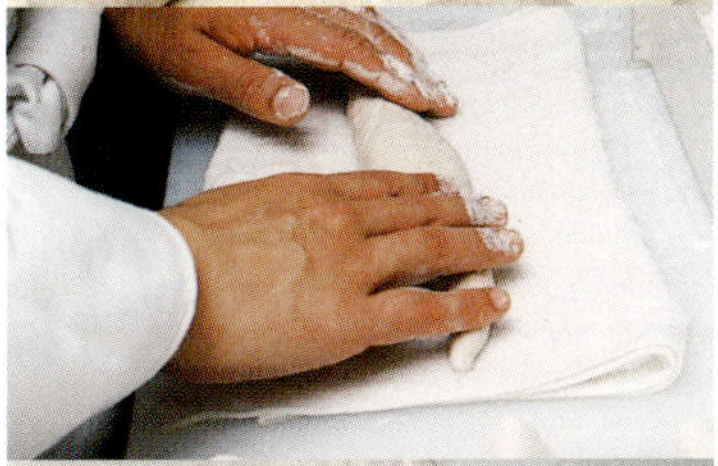

7

生地をバゲット型に成形する。生地の表面をぬれぶきんで湿らせてから（写真上）、ライ麦細挽き粉をまぶす（写真下）。焼き上がった時に白く残るライ麦粉は、見た目の素朴さを演出し、香りや味わいが増す。

8

パンマットに並べ、30℃、湿度80%のホイロで約1時間発酵させる。

9

カミソリでクープを斜めに3本入れる。

10

上火240℃、下火220℃のオーブンで、約22分間焼く。窯入れ前に2回、窯入れ直後に1回、スチームを入れる。こうするとオーブンの中の水蒸気が生地の表面に凝結するので、クラストが薄くなるうえ、香りとつやのよい焼き上がりになる。

イギリスパンの作り方

新鮮な酵母でさわやかな酸味の食パンに。

■イギリスパン　380円

毎日仕込む新鮮なレーズン種が作り出す、さわやかな酸味が特徴。

配合

粉100％（国産中力粉・中種用30％、本ごね生地用70％）に対して

［中種］

- レーズン種……8％
- 水……14％

※粉と混ぜて前日に仕込んでおく

［本ごね生地］

- 塩……1.8％
- 洗双糖（甘蔗糖）……3％
- 牛乳……5％
- 水……43～50％
- 無塩バター……4％

1

本ごね生地の仕込みをする。ミキサーに粉、塩、洗双糖、牛乳、水を合わせて低速でなじむまでミキシングする。

2

全体がなじんだら、中種を混ざりやすいようにちぎって加え、低速で5分間、中速で4分間ミキシングする。

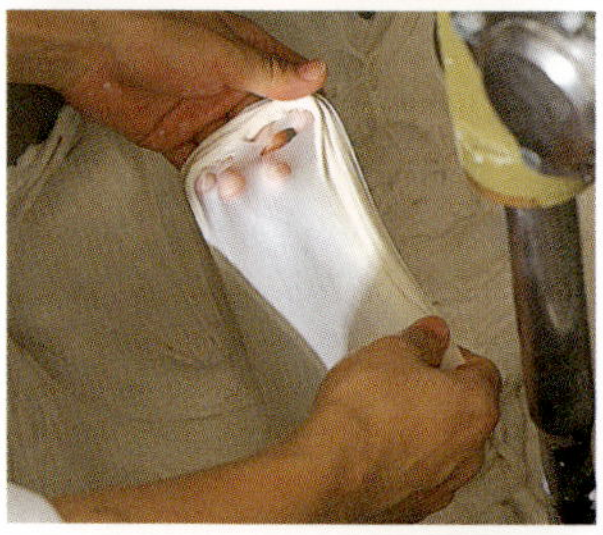

Point 3

小さく切ったバターを加え、低速で3分間、中速で4分間ミキシングする。生地の状態を見ながらミキシングを調整し、生地を手にとって広げながら確認。生地の伸び具合と粘り、触った時の感触などがこね上がりのポイントになる。

4

こね上がったら温度計を生地に差し込み、生地温度が26℃に保たれていることを確認する。蓋をして27～28℃、湿度70％のホイロで3時間30分発酵させる。途中、スケッパーに水をつけて生地と箱の間に差し込み、生地を持ち上げるようにしてパンチをする。

5

打ち粉（中力粉／分量外）をした台に取り、生地に打ち粉をしながらスケッパーで400gずつ分割する。丸めて箱に並べ、蓋をして常温で20～30分間ベンチタイムをとる。

6

生地表面に張りを持たせるように両手で腰高に丸め（写真上）、型に並べる（写真右）。28℃、湿度70％に設定したホイロで2～2時間15分発酵させる。適度な高さを持つ山型になるのが理想。

7

上火210～215℃、下火260℃のオーブンで20分間焼き、前後左右のパンを入れ替えて20分間焼く。さらに状態を見ながら10～15分間焼き込む。

8

食欲をそそる焼き色がついたら、窯から出して熱いうちに型から出す。レーズン種を使い、低温で長時間発酵させて焼いたイギリスパンは、しっかりとした食感と、じっくり引き出された酵母のうま味が魅力だ。

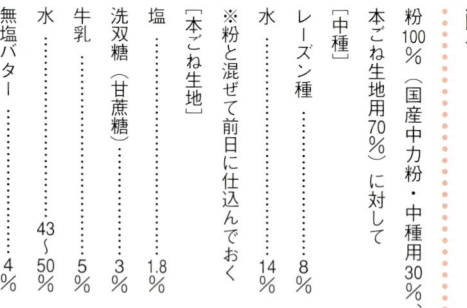

カンパーニュの作り方

噛むごとに小麦の味や酵母の酸味が楽しめる

■カンパーニュ　300円

国産無農薬小麦、自然塩、丹沢の銘水を使って作るフランスの田舎パン。よけいなものを一切使用していないので、噛みしめるほどに小麦の味や天然酵母特有のほんのりした酸味が伝わってくる。

配合

粉100%（国産強力粉91%、国産全粒粉9%）に対して

小麦種……91%

自然塩……2.5%

水……42.8%

1
すべての材料を入れて低速で2分間、中速で5分間ミキシング。加える水はこね上げ温度が34℃になるように温度を調整する。また、夏は真冬に比べて水の量を3～5%少なめに入れて生地のかたさを調節。

Point
2
生地がつかないよう箱にショートニング（分量外）をぬり、1を移し入れる。蓋をして温度34～35℃、湿度80%に設定したホイロで、夏は1時間、冬は2時間ほど1次発酵させる。

3
打ち粉（強力粉／分量外）をした台に取り出してパンチング。平均的な力で3つ折りを2回繰り返し、しばらく室温で休ませる。

4
スケッパーで360gに切り分けて丸め、強力粉（分量外）をふったカゴに綴じ目を上にして入れる。国産小麦の生地はいたみを受けやすいので、やさしく扱うこと。

5
34℃前後、湿度80%のホイロに入れて、1時間30分～2時間ほど2次発酵させる。

6
カゴから取り出し、模様を上にしてシーターに乗せる。格子状に浅くクープを入れる。

7
220℃のオーブンで、約35分間焼いて完成。

●神奈川県・平塚『ル パスポート』

古代パンの作り方

小麦粉、水、塩だけで作る「パンの原点」

■古代パン　350円

生地はもちろん、酵母種に使う材料も自然素材を使っている。小麦粉、水、塩だけで作り、余計なものを一切除いているので、噛みしめるほどに小麦の味が伝わってくる。

材料は小麦粉、水、塩のみ。自然素材にこだわって使用。

同店では「食の安全と健康」のため、酵母種の材料も北海道産の全粒粉、秩父の自然水と自然素材を使用。全粒粉を使うのは酵母が多く付着しているためで、自然水を使うのは、発酵を妨げる塩素が含まれていないので発酵状態をよくする働きがあるからだ。

配合

粉100％（国産全粒粉50％、国産強力粉50％）に対して

- 塩……1.5％
- 水……45％
- 小麦種……30％

小麦種の作り方

作り方はまず容器に全粒粉250gを入れ、30～35℃の水200gを加えて均一に水分が行き渡るようよく混ぜる。これを平らにならして空気が出入りできるように軽く蓋を閉め、約30℃の場所で6～12時間発酵させる。その後さらに全粒粉400gと水300gを加えて同じ作業を繰り返し、温度・時間ともに同条件のもとで再度発酵させる。

これが小麦種の元種となり、同店では継ぎ足して繰り返し使用している。継ぎ足す分量は、種の使用量200gに対して全粒粉250g、水200gの割合だ。ちなみに同店では攪拌にもちつき機を利用している。

1
すべての材料をボウルに入れて、低速で5分間、全体が混ざるようにミキシングする。表面がなめらかになってきたら生地を取り出す。

2
軽く打ち粉（強力粉／分量外）をした箱に移し、30℃のホイロで1時間寝かせる（写真上右）。左の写真は1時間後の生地で、約1.5 倍に膨らんでいる。

3
スケッパーで300 g ずつに分割する。同じ部分に何度も歯を当てると生地が傷むので、なるべく一気に切り分ける。

Point
4
生地を丸める。手のひら全体を使って切った面を包み込むように丸め（写真上）、半分に折ってガス抜きをしながら成形すると（写真下）、なめらかな生地になる。

5
打ち粉（分量外）をした箱に並べ、乾燥を防ぐためにシートをかぶせて30℃のホイロで30分間寝かせる。

6
継ぎ目を上にして打ち粉（分量外）をした丸いカゴに入れる。こうすると表面に模様が付く。30℃のホイロで30分間寝かせる。

7
打ち粉（分量外）をした台に移し、ナイフで十文字にクープを入れる。

8
220℃に温めたオーブンに蒸気を入れ、素早く生地を入れて30分間焼いて完成。

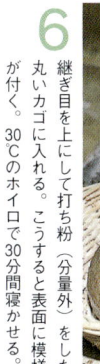

パン・ド・プルミエの作り方

小麦の豊かな香りを引き出した一品

■パン・ド・プルミエ
1本（3斤）1350円（1斤450円）
週に3回だけ焼かれる看板商品。小麦の豊かな香りが人気。濃いめの焼き色も見た目に香ばしい。

じっくり時間をかけた発酵とミキシングが大きなポイント

グラハム粉を培養した小麦酵母で、小麦の香りを引き出した「パン・ド・プルミエ」。さらに香りを引き出し、こんがりふっくらしたパンに焼き上げるために、バターを入れる前に15分、入れた後も生地を広げた時に薄い膜ができる状態になるまで10分ほどミキシング。また中種の段階で約4時間、1次発酵として室温で約1時間と、時間をかけてじっくり発酵させ、小麦の熟成した味を引き出していくのが同店ならではの作り方である。

また焼成では、濃いめの焼き色がつくまで約1時間焼き上げる。「我が子を育てるような気持ち」で、タイミングを逃さず、手をかけていくことがポイントだ。

配合

[中種] コンデスミルク
元種 砂糖
小麦粉 モルト
牛乳 水
[本生地] イースト
中種 (通常の1/3量を補助的に使用)
牛乳 バター
小麦粉 溶き卵（塗り卵用）
塩

小麦種の作り方

全粒粉のグラハム粉に、モルトとミネラルウォーターを加えて培養する。同店では約20度Cの低温で5日間ほど培養したものを、小麦粉で種継ぎを繰り返し、冷蔵保存しながら使う。空気中の酵母を、パンづくりに適した酵母に育てることが自家製酵母の醍醐味だが、小麦酵母では「雑菌が入らないよう、安定した温度で培養すること」を重視する。

1

十分に発酵した中種と、バターを除いた本生地の材料をミキサーボウルに入れ、低速で約15分間ミキシングする。

2

小麦粉のグルテンが十分に形成されたところでバターを加え、さらに低速で5分間、中速で2〜3分間ミキシングする。

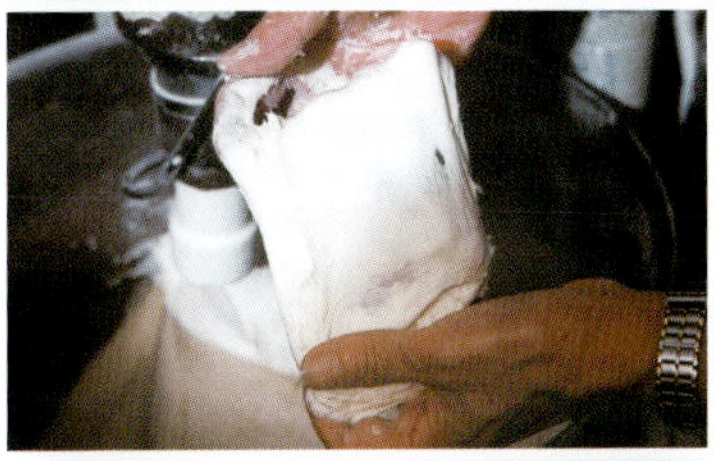

Point 3

生地を広げた時、写真のように薄い膜のような状態になるまでミキシングするのがポイント。

4

粉をひとつかみ足して、生地の表面がなめらかな状態になったらこね終わり。こね上げ温度の目安は26〜27℃。

5

生地が乾燥しないようにビニールをかけて約1時間置き、1次発酵させる。

6

打ち粉（強力粉）をした台に取り出し、スケッパーで330ｇに分割して丸める。打ち粉をしたバンジュウに並べ、室温で約30分間のベンチタイムをとる。

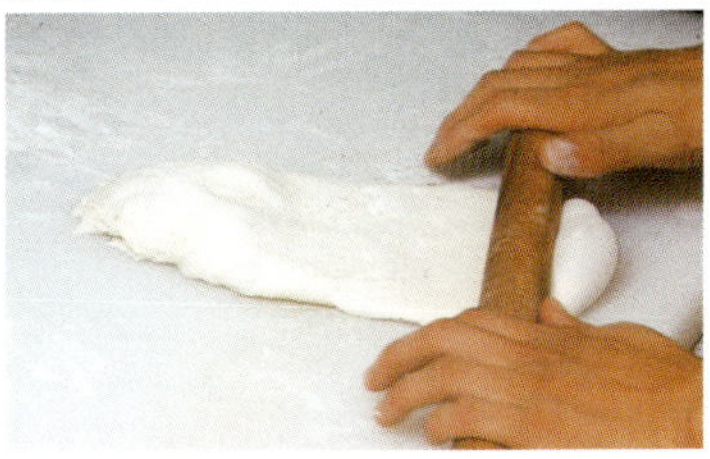

7

発酵を終えた生地は、めん棒を使って中のガスを抜き、成形する。

8

バターを塗った3斤型に、成形した生地を4個ずつ並べ入れる。

9

36℃のホイロで約1時間、2次発酵させる。

10

つや出しのため、生地の表面に溶き卵を塗る。

11

上火210℃、下火230℃のオーブンで約1時間焼く。

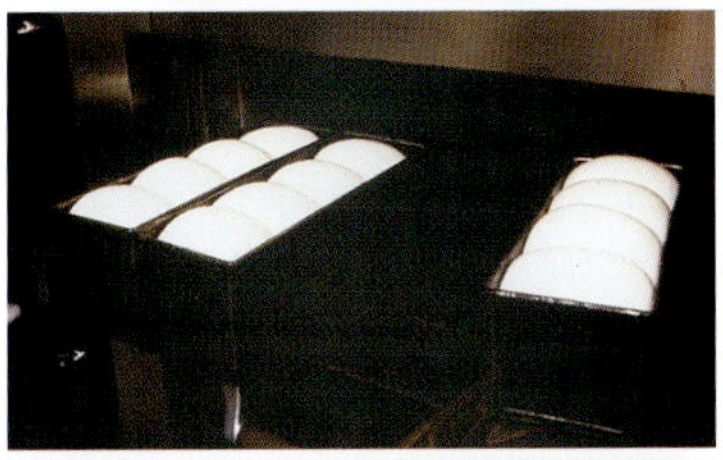

12

表面につやが出て写真のような濃いめの焼き色が付いたら焼き上がりだ。オーブンから取り出し、型から抜いて冷ます。

ルヴァン・オ・クランベリーの作り方

ルヴァン種とフルーツの酸味が好相性

■ルヴァン・オ・クランベリー　600円

その名の通り、ルヴァン種とクランベリーを使った食事パン。ルヴァン種特有の軽い酸味と、洋酒に漬けたクランベリー(日本名はツルコケモモ)の風味がベストマッチ。薄く切ってチーズなどをのせて食べてもよい。

ルヴァン種の酸味と、相性の良いフルーツを組み合わせる

天然酵母の中では、一般にレーズンなどを使った種より、ルヴァン種は発酵力が弱く安定しにくいとされている。しかし同店があえてそのルヴァン種を採用したのは、主材料の小麦と同じ材料を用いるため、小麦粉本来の持ち味を十分に活かし切ることができると考えたためだ。

発酵力の問題はフェルメントを用いて解決。独特の軽い酸味を活かして様々なパンに用いることで、同店にしか出せない味に仕上げる。

ルヴァン・オ・クランベリーでは、この酸味と相性の良いクランベリーを加えた。また食感を高めるため、クルミも用いている。

配合

- 小麦粉
- ライ麦粉
- 水
- ルヴァン種
- クランベリー
- レーズン
- クルミ
- ブランデー

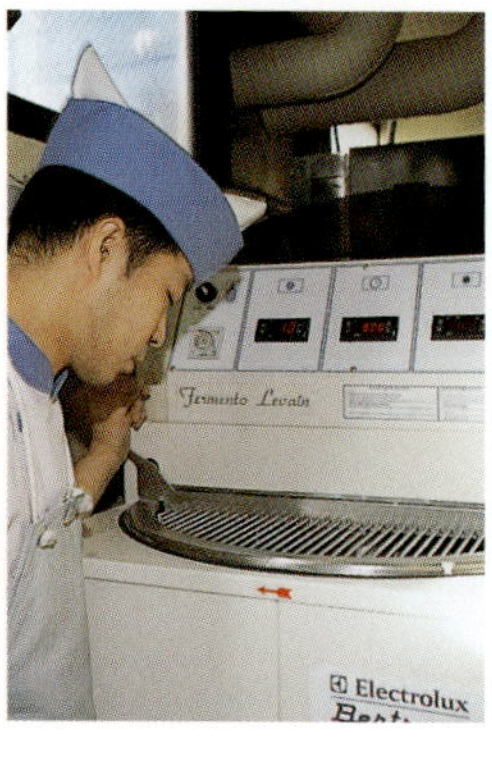

ルヴァン種の作り方

芳しくパリッとした皮と、ずっしりとした量感、噛むほどに味わい深いおいしさ。小麦本来のおいしさを引き出すのが、ルヴァン種である。同店のルヴァン種は、少量のライ麦とモルト、水で起こし、それに水と小麦粉を加え続けることによって作られる。ここで安定した発酵を持続させるため、店ではフェルメントを導入。このマシンでは、温度管理などにより、材料を入れると8時間で発酵が始まり、10℃で一昼夜保存して種として使えるようになる。

●東京・駒沢『駒沢モンタボー』

1

ミキサーに、合わせておいた小麦粉とライ麦粉、水とルヴァン種を加える。粉は小麦粉の方を多めに合わせている。

2

材料を入れたら、ミキサーを回す。最初のうちは低速で、徐々に速度を早めていき、粉が水分を吸ったら中速で回す。

Point 3

生地が八割ほどでき上がったら、クランベリーとレーズン、クルミを加える。クランベリーとレーズンは、数日間ブランデーに漬け込んでおいたものを使う。

4

生地のミキシングは合計約8分間で終了。油脂をぬったバットに入れ、乾燥しないよう蓋をして約30分間1次発酵させる。

5

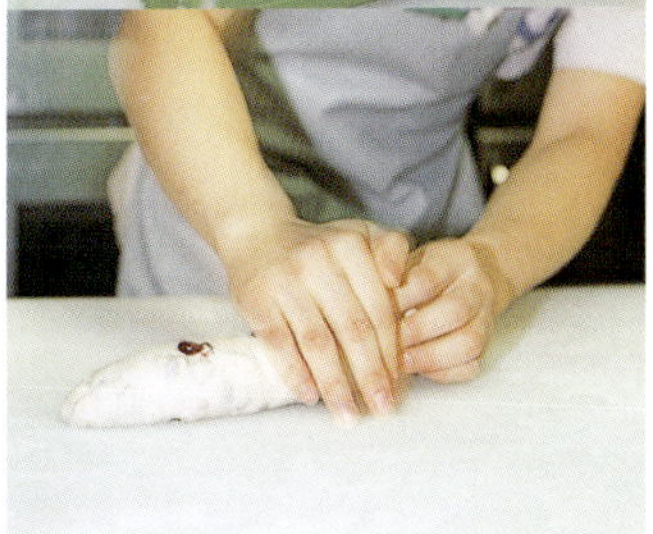

発酵させた生地は、500gずつに分割、成形する。一旦平らにした生地を、奥からと手前からに三つ折りし、細長く形作る。

6

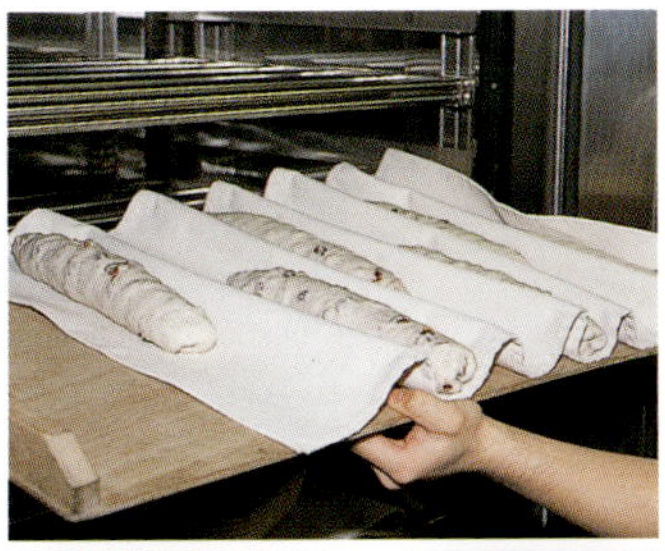

成形して布取りした生地は、50分～1時間ほどホイロに入れて2次発酵させる。

7

適度な状態に発酵したらホイロから出す。作業台に移し、クープを入れる。

8

パン窯に入れて焼く。約220℃で30分ほど。

9

表面に焼き色が付き、香ばしい香りが漂うようになったら焼き上がり。窯から出し、正面にある棚に並べて販売する。

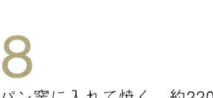

シューステル ユンゲンの作り方

ほどよい酸味とライ麦の風味が魅力

■シューステル　ユンゲン大220円　小60円

ビーフシチューやハム・ソーセージに合うドイツのライ麦パン。ほどよい酸味があり、表面はカリッと、中はやわらかな口当たりで食べ飽きない。

サワー種の発酵力を補うため改良剤と生イーストを加える

独特の風味と強い酸味が特徴のサワー種。同店ではこの発酵を安定させるために、マックスパワー（改良剤）と生イーストを加えている。こうすることで、サワー種特有の酸味がほどよく引き出された、ライ麦の風味豊かなコクのあるパンに仕上がる。

配合

粉100％（強力粉82％、ライ麦粉18％）に対して

塩	2.3％
マックスパワー（改良剤）	1.5％
生イースト	2％
サワー種	29％
水	54％
マーガリン	3％

サ　ワ　ー　種　の　作　り　方

同店のサワー種の作り方は、まずライ麦粉と水を各50gずつ混ぜ合わせて生地温度が26℃になるように調整し、26℃を保ちながら24時間発酵させる。この時、雑菌を混ぜ込む意図から、蓋代わりに玉ねぎのスライスを生地の上にのせている。

2日目は前日の種全部にライ麦粉と水を各50g加えて混ぜ、26℃で24時間発酵。3日目、4日目も同様の手順をふんで発酵させる。これで約400gの生地ができる。

5日目は前日までの生地400gにライ麦粉1kg、水900gを加えて混ぜ、生地温度が35℃になるように調整して30℃の場所で3～4時間発酵させる。ここで高温発酵させるのは、乳酸発酵を促して酸味を出すため。発酵が進みすぎると酸味・苦みともに強くなるので、温度管理に注意する。

5日目の発酵を終えたら400gを別に取り出して冷蔵保存し、翌日から5日目の作業を繰り返し行って種継ぎしながら使用する。

ライ麦粉はできるだけ新鮮なものを使う。付着している菌が活発に動き、発酵がよくなる。

1

強力粉とライ麦粉をふるいにかけ、塩、マックスパワー、生イースト、サワー種、水を加える。低速で約6分間ミキシングする。

2

全体がひと通り混ざったらマーガリンを加え、今度は中速で3分間ミキシングする。

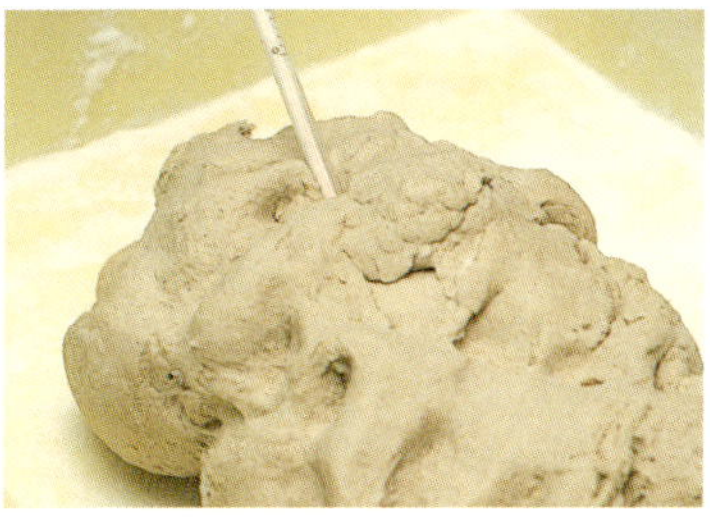

3

こね上がったら打ち粉（強力粉／分量外）をした箱に入れる。温度計をさして、生地温度が27℃前後に保たれているのを確認しながら発酵させる。

4

乾燥を防ぐために蓋をして、常温で1時間フロアタイムをとる。約1.5倍に膨らむ。

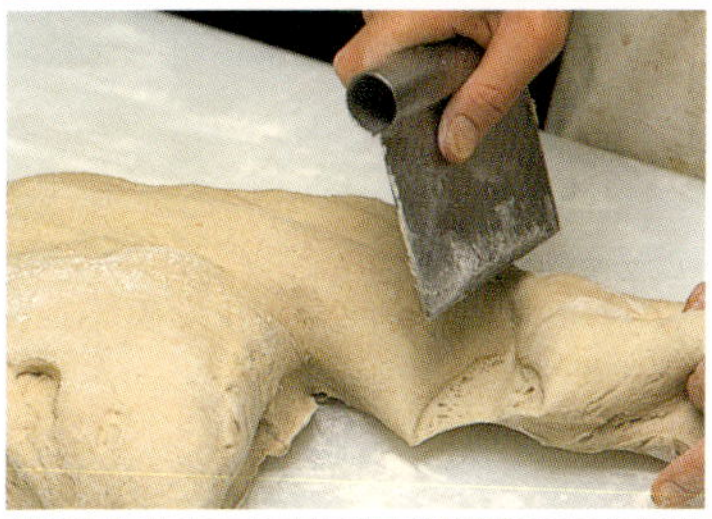

5

打ち粉（分量外）をした台に取り出し、スケッパーで300ｇと120ｇずつに切り分ける。

6

5の生地を丸めて並べ、蓋をして常温で約15分間ベンチタイムをとる。

7

打ち粉（強力粉とライ麦粉を同量合わせたもの／分量外）をした台に移し、生地を丸め直して手前半分をめん棒で伸ばす。

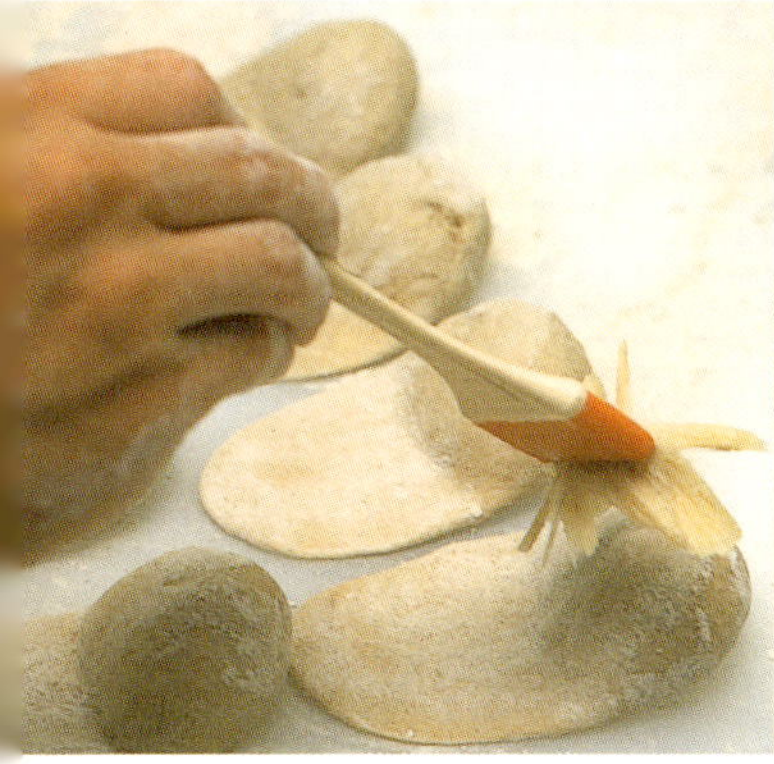

8

生地の頭に水を付けて（写真左）伸ばした部分をかぶせ、裏返して、キャンバス地をのせた台に並べる（写真下）。

Point

9

35℃のホイロで50分間発酵させる。生地表面がよく張って膨らんでいる状態がベスト。

10

再び裏返し、ライ麦粉と強力粉を同量合わせた粉（分量外）を茶こしに入れてふりかける。

11

210℃に温めたオーブンで約20分間焼く。

バリザーローゲンブロートの作り方

種のうまみが引き出されたスイスのライ麦パン

■バリザーローゲンブロート　1本510円

ライ麦特有の酸味と香りが人気。薄く切ってブルーチーズなどをのせて食べると、お互いの味が引き立つ。

中種を多く使うスイスパンの伝統的な製法を守り続ける！

『モルゲン　ベカライ』は、スイスの伝統的な製法を守り続ける店。スイスパンの製法の特徴は、サワー種にライファイン（全粒粉）と水を加えて発酵させたヘーベル（中種）を多く使う点である。粉の約30％量を加えるので、種がパンの味を左右する。種の温度管理は気候条件などにより微妙に違ってくるので、サワー種もヘーベルも種の熟成管理に気を配りたい。

配合

粉100％（ヘーベル用全粒粉35％、
本ごね生地用全粒粉50％、強力粉15％）に対して

［ヘーベル］

ライファイン……35％

スイスサワー種……6％

水……23％

※この上がり温度30℃、発酵時間約18時間

［本ごね生地］

ライファイン……50％

強力粉……15％

海塩……2.2％

レストブロート

（ライ麦パンを細かく挽いたもの）……5％

ヘーベル種……全量

水……52％

※こね上がり温度28℃

ライ押し麦（飾り用）……適量

1
本ごね生地の仕込みをする。粉類とレストブロート、ヘーベル、海塩、水を加えて低速で5分間（写真上）、途中かき落としをして中速で３分間ミキシングする（写真下）。レストブロートを入れると吸水率がよくなり、もちもちした食感が出て本場のパンにより近くなる。

2
打ち粉（強力粉／分量外）をした台に取り出し、スケッパーで分割する。同店では「バリザーローゲンブロート」用の590ｇと、「バリザーバルヌスブロート」（前者にくるみを入れたもの）用の630ｇに生地を分けている。

3
適宜打ち粉をして、生地の3つ折りを、位置を縦横に変えながら、3〜4回繰り返す（写真上右・同左）。この時、手のひらの付け根の部分を使うと作業しやすい。最後はこんもりとしたローフ型に整える（写真下左）。

4
霧吹きを使って全体に水をかけ、生地の表面をしっとりさせる。

5
台にライ押し麦を広げる。焼き上がった時に表になる方を下にして、麦がよくくっつくように転がしながら押し付ける。

6
ワンローフ型にライ麦の面を上にして入れ、温度38℃、湿度80％のホイロで約2時間休ませる。生地の中央部分が型のヘリよりも盛り上がる程度になる。

7
上火200℃、下火230℃のオーブンで、スチームを入れて35〜40分間焼く（写真右）。スチームを入れるのは窯伸びをよくするため。表面にきれいなひびが入った焼き上がり（写真下）が理想。

天然酵母クロワッサンの作り方

コクのあるモチモチした食感が好評！

■天然酵母クロワッサン　160円

バターの量は通常の半量であるにもかかわらず、リッチな味わい。噛むほどに味が出るモチモチした食感も受けている。発酵に12〜14時間もかけるため、焼成は１日１回。

●東京・代官山『ヒイルサイドパントリー代官山』

発酵には12～14時間もかけて天然酵母のコクを引き出す！

イーストほど香りにクセがないホシノ天然酵母を使うので、使うバターの量は同店の通常のクロワッサンの半分。それでもバターの風味が十分に活きて、リッチな味わいに仕上げることができる。

発酵には12～14時間もかけて、天然酵母独特のコクを引き出している点が大きな特徴。焼き上がりはずっしりと重く、歯ごたえがある。クロワッサンらしからぬ、噛むほどに味が出るモチモチした食感が好評で、１日160～170個を作っても、その日の夕方には売り切れるほどの人気だ。

材料にもこだわり、小麦粉は国内産ハルユタカ、バターは北海道産無塩バターを使用。ホシノ天然酵母には3種類の種があるが、同店では全てのパンに使用できる従来からのホシノ天然酵母パン種を使用。

配合

粉（国内産ハルユタカ）100％に対して

砂糖……9％
塩……1.5％
酵母……8％
蒸留水……45％
バター……22.5％

1

蒸留水の温度を8℃にしておく。暑い時は早く発酵するので、氷を入れてやや低めの温度で使う。

2

小麦粉にバター以外の材料を加えてから（写真上）8℃の蒸留水を流し込み（写真下）、低速で7分間、さらに高速で7分間ミキシングする。

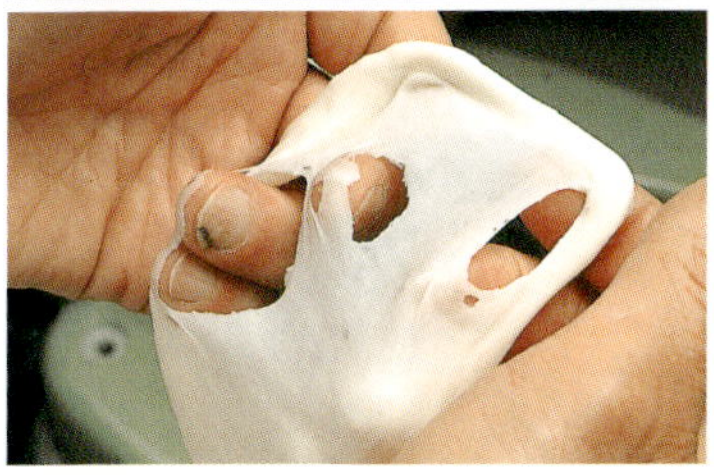

3

写真のように、引っ張った時に薄く伸びて破れるくらいの弾力になるまでミキシングする。

4

3の生地を30℃のホイロに入れて12～14時間寝かせ、指で突いた時に糸を引くくらいになるまで発酵させる。

5

寝かせた生地を薄く伸ばしてバターをのせ、風呂敷で包み込むようにして折り込む。

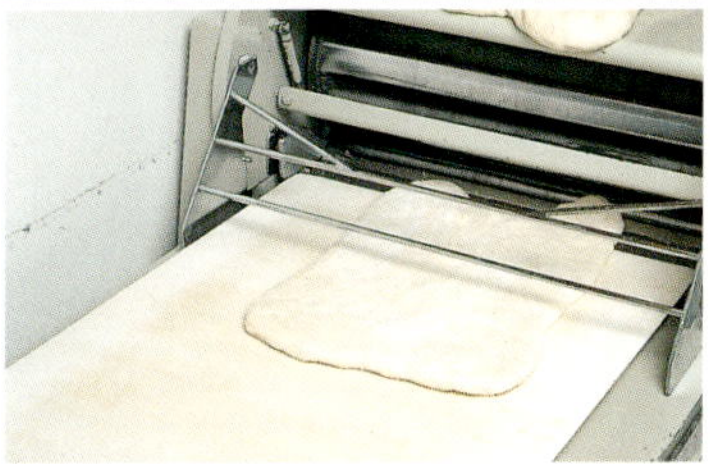

6

パイローラーで、初めは9mm、次は7mm、5mm、3mmと目盛りを変えながら、3mmになるまで生地を薄く伸ばす。

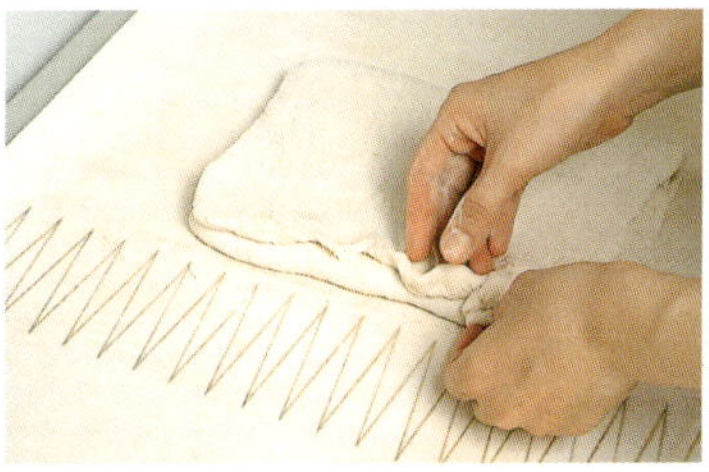

7

パイローラーを使って伸ばした生地を、3つ折りにする。

Point

8

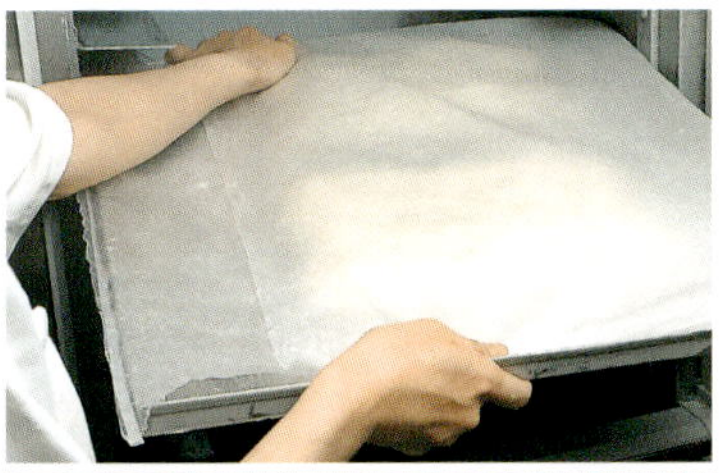

7をマイナス5～10℃のフリーザーに入れて30分間寝かせて、しっかりと生地を休ませる。このあと伸ばす→3つ折り→フリーザーの作業を3回繰り返す。

9

フリーザーから取り出した生地をパイローラーで伸ばし、まず縦半分に切り、次に2枚重ねて3等分に印をつけ、写真のように二等辺三角形に切り離す。

10

三角形の底辺から約5mm幅の間隔で3回クルクルと巻き（写真右）、写真上のような形にする。気持ちゆるめに巻くのがコツ。

11

巻いた生地は天板の上にのせる。室温や湿度によって異なるが、1時間～1時間30分くらい自然発酵させる。

12

11をオーブンに入れ（写真左）、230℃で15～20分間焼いて完成（写真下）。

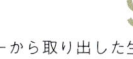

イギリスパンの作り方

1日500本も売れる食パン！

■イギリスパン　600円

副材料を極力少なくし、天然酵母と生イーストでじっくり発酵させることで、パンのうまみの素である麦のアミノ酸を引き出している。

●神奈川・葉山『葉山ボンジュール』

生地に触れて発酵力を確認しパンチの強さを加減していく

同店では1つの生地を使って、角型、イギリスパン（山型・大と小）の3種類の食パンを焼く。評判の同店ではこの3種類だけで1日に500～600本、土日には1000本も焼く。仕込みは1日に10回も行われる。

おいしい食パンを焼くにはパンチのタイミングが難しい。1日に10回も仕込む同店だが、生地の状態はそれぞれ違う。よってパンチのタイミングも強さも変える。パンチのタイミングと強さは経験によって学ぶ部分が大きいが、基本的には発酵力が強い生地は弱く、弱い生地は強くする。この時、直接生地に触れて発酵力の強さを確認することを重視する。

発酵には、生イーストと天然酵母とを少量ずつ併用。一次発酵に2時間30分、パンチ後（パンチ前の7割まで発酵が進んだ時）に40分と、じっくり発酵させている。

配合

丸高ゴールデンライト
丸特ゴールデンライト
天然酵母
生イースト
砂糖
塩
水
油脂

1 油脂以外の材料を合わせる。丸高ゴールデンライトと丸特ゴールデンライトは7対3の比率で配合する。

2 低速で2分間、中速で2分間ミキシングする。グルテンがつながり始める。

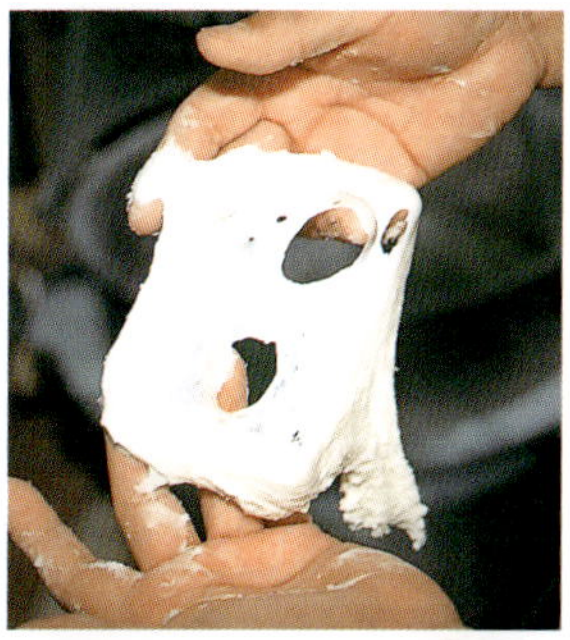

3 さらにミキシングが進むと、ボウルの内側に生地が付かなくなる。この時点ではまだ生地は破れる。

4 ミキシングを進め、生地を引っ張って指紋が透ける（写真上）直前（8割方つながった状態）で、油脂を加える（写真下）。

5 低速回転にもどしミキシング。ガス保持のため、表面を滑らかにしてバケツへ。

6 生地温度が28℃であることを確認してから、乾燥を防ぐため蓋をして一次発酵に入る。2時間30分と時間をかけ、じっくりと発酵させる。

7 一次発酵はエアコン完備の発酵室で。発酵終了後は写真のように生地の体積が約3倍に膨らんでいる。

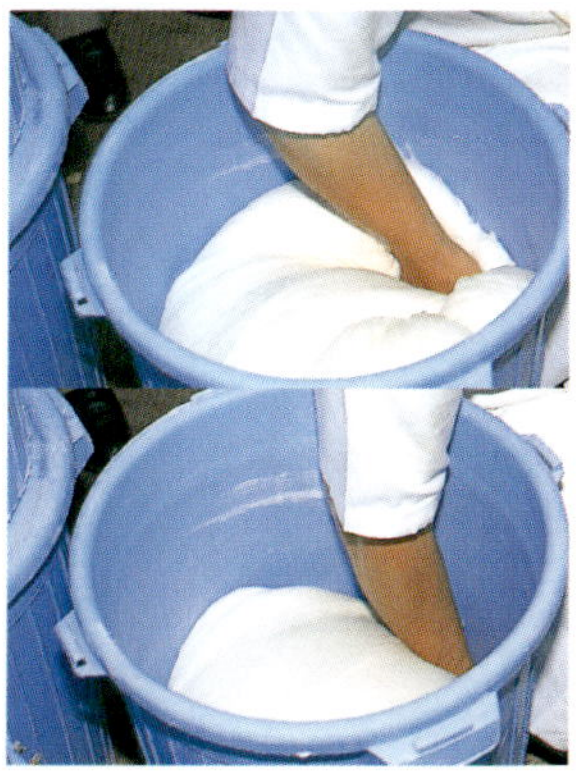

Point 8

生地に触れ、発酵力が強い（自由水が少ない）場合は弱く、逆に弱い場合は強くパンチする。この作業によってそれまでの工程での生地のばらつきを均等にする。パンチ終了後は、パンチ前の7割の体積に膨らむまで約40分間二次発酵。過発酵すると焼き上がりの色付きが悪くなるので注意。

9 1回の仕込み量は、山型食パンで約70本分。分割、計量、丸めは手早く進める。

10 モルダーで生地を成形する。生地の状態に合わせて天圧板の圧力を調整。

11 発酵力が弱い生地は、グルテンを切らない程度に圧力を高め、モルダーにかける（写真奥の生地）。逆に発酵力が強い生地は、モルダーの圧力を弱くする（写真手前の生地）。手で触って生地の状態を確かめることが大切だ。

12 細長い生地を丸めて型に詰める。写真は200g4つ。他には210g6つ、210g4つ（角型）がある。

13 約40分間ホイロに入れ、発酵させる。写真は最終発酵が終了した生地。

14 窯の温度を200～210℃に設定し、約40分間焼成して完成。十分に発酵力が残っている生地なので、窯の中で縦に「窯伸び」したパンに仕上がる。

サンドイッチ 調理パンの 技術教本

製パン・製菓アドバイザー 竹野豊子 著

サンドイッチ・調理パンを"プロの味"にする最新テキスト

A4判カバー装　カラー96頁、1色48頁

本体3500円＋税

味の決め手！
31種類のソースとスプレッドのレシピを公開。

最新人気のラップサンドの生地の作り方、ピタの焼き方も紹介。

天然酵母パンで作るサンド・女性に人気のイタリアンサンド・注目度No.1のヘルシーサンド・ますます売れる新傾向サンド・パーティー用サンドイッチ…etc.

パンにぬるソースとスプレッドと具材の組み合わせ方がよく学べる。

170種類以上のサンドイッチ・調理パンのレシピと売れるポイントを1つ1つ解説。

角食パンで作るサンドイッチ・イギリスパンで作るサンドイッチ・ドッグパンとロールパンで作る調理パン・クロワッサンとデニッシュで作るサンド・トーストサンドとホットサンド・ボックスサンドイッチ…etc.

お申し込みはお早めに！

★お近くに書店のない時は、直接、郵便振替または現金書留にて下記へお申し込み下さい。

旭屋出版　東京都新宿区市谷砂土原町3-4
〒162-8401　☎(03)3267-0865(代)　振替／00150-1-19572

評判の天然酵母パンいろいろ

これまでは、「天然酵母＝ヘルシー」というイメージを売り物にするパンが多かった。ところが、健康志向が主婦層だけでなく男性層にも広がりを見せるようになり、天然酵母を売り物にする店が徐々に増えてくるに従って、ベーシックなパンだけでなくユニークな個性派パンも登場するようになってきた。

天然酵母でバターの風味が活き、
香り豊かに

バターロール 70円

東京・町田『ドゥー・リーブル』

香りにクセのないホシノ天然酵母を使って、バターの風味を最大限に活かした。酵母にはホップを加えてオリジナル性をプラス。小麦粉はフランスパン専用粉80%とハルユタカ20%を配合したものを使い、歯ごたえよく仕上げている。生地に巻き込んだバターが焼いた時にしみ出て、香ばしい焼き上がりに。

小麦粉、砂糖、塩とすべて天然素材を使用

ゴマあんぱん 100円

千葉・千葉『まるしや』

約7年前のオープン時からホシノ天然酵母を使った天然酵母パンを提供している店。天然酵母パンについては他の素材にもこだわり、無農薬国産小麦粉、キビ砂糖、沖縄産の天然塩を使っている。「ゴマあんぱん」もそのひとつで、独特の風味と甘さがある。日替りで提供。

低温長時間発酵で、
小麦のうま味を引き出す

メロンパン 120円

東京・国分寺『パンの家　ラ・ママン』

天然酵母6、生イースト4の割合で配合した生地は、5℃の冷蔵庫で低温長時間発酵させて、小麦のうま味を引き出したもの。小麦粉は安全性を考えて北海道産のハルユタカを使用。生地には全脂粉乳を練り込み、コクを高めている。甘いパンには珍しく、男性ファンも多い一品。

さっくりした食感と歯切れのよさが魅力に

手造り石釜で焼いた全粒粉パンドミ　450円

神奈川・平塚『ル・パスポート』

石臼で挽いた無農薬国産小麦の全粒粉と、自然塩、丹沢の銘水を使用。全粒粉ならではのさっくりした食感と歯切れのよさが特徴だ。また自家製小麦種により、噛むごとに小麦の味が楽しめる点も魅力。石窯でじっくり焼き込んでいるので、独特の焼き色が視覚的にもパンのおいしさを伝えている。

酒饅頭をヒントに生まれた
日本初のあんパン

桜あんぱん　100円

東京・銀座『木村屋總本店　銀座本店』

明治８年、和菓子の酒饅頭をヒントに２代目が考案したこの酒種のあんパンは、同店の名を一躍全国に知らしめた。現在も当時の材料・製法を大切にし、小田原産の八重桜の塩漬けは手作業で埋め込まれている。また生地25ｇ、あん25ｇという小振りなサイズは、特に女性に受けている。

十勝有機栽培小豆
「茜丸」使用の贅沢な一品

くるみあんぱん　130円

東京・町田『ドゥー・リーブル』

くるみを混ぜたソフトフランスの生地で、十勝産の有機栽培小豆「茜丸」で作ったあんを包んだ、１日15個限定の人気商品。さらに、バゲット風に細長く作ってユニークなあんパンに焼き上げ、オリジナリティを追求した。発酵にはホシノ天然酵母の菓子パン種を使用。

沖縄産天然塩の使用で
まろやかな味わいに

山型食パン 300円

千葉・千葉『まるしや』

無農薬国産小麦、キビ砂糖、沖縄産天然塩と自然素材を使いながら、低価格で提供。「主食であるパンは安心して食べられて安いものを」というのが同店のコンセプトで、特に毎日食べる機会の多いこの食パンにその思いを反映させている。沖縄産天然塩は、他の天然塩に比べてパンの味にまろやかさが出せることから選んだという。

軽い食感の生地に合わせ
クリームも素朴に

クリームパン 100円

北海道・札幌『パネテリーヤ』

酒種とイーストを同割で使った軽い食感のパン生地がポイント。また酒種を使っているので、独特の風味があると評判だ。この生地の軽い口当たりに合わせるため、自家製のカスタードクリームは甘さを抑え、さらに、バニラオイルを少量にとどめて素朴な風味に仕上げている。

あんパンにさくら餅を
入れるアイデアがヒット

さくら餅あんぱん 120円

大阪・大正区『窯出しぱん工房 ロンパル』

定番のあんパンの中にさくら餅を入れるアイデアが受けて、人気商品に。発酵は、麹と米飯から作る酒種に補助イーストを少量混ぜた発酵種で行う。酒種を使いじっくり発酵させた生地には独特のコクと香りがあり、中のあんとさくら餅によく合う。三者の食感のバランスも絶妙。

視覚的にも「野菜づかい」をアピール！

カボチャ　250円

福島・いわき『パン工房　ＰａＰａ』

テーマパークの入口広場に立地し、味や素材にこだわった「安全な本物志向のパンづくり」を目指している店。これは健康志向に応えた一品で、カボチャの形に仕上げることで、自然の野菜を素材にしたことを視覚的にもアピールしている。酵母は自然発酵種「ルヴァン」を使用。

本格生地とフランス産サクランボがマッチ

グリオットチェリーデニッシュ　160円

埼玉・南浦和『パン工房　パンジャミン店』

サクサクした食感のデニッシュ生地と、中央にデコレーションしたカスタードクリーム、フランス産さくらんぼがマッチ。天然酵母は自家培養した自然発酵種を使用。これを使ってフランスの伝統的な製法で作った生地では、ほどよい酸味とパリッとした皮の食感が楽しめる。

フルーツたっぷりの甘い香りが魅力

ヴェネチアーナ　1300円

神奈川・鶴見『エスプラン』

イタリア・ベネチア地方が有名な、クリスマスの発酵菓子。同店では、リンゴ種を使って長時間発酵させた香り高い生地に、フルーツをたっぷりと練り込んで作る。ナイフを入れた時に立ちのぼる、フルーツ特有の甘い香りが特徴の一品。10月～6月の期間限定商品。

独創的なハート型「プレッツェル」

ゴマクッキー　120円

東京・富ヶ谷『Ｌｅｖａｉｎ』

「より自然に近いパンを提供したい」という発想から、レーズンを原料とした自家製天然酵母を使用。これはいわゆるドイツの「プレッツェル」にあたるが、同店ではハート型に成形しているのが特徴的だ。無農薬国産小麦の生地と菜種油を使って香ばしく焼き上げている。

噛みしめるごとに
玉ねぎの風味が楽しめる

玉ねぎの山型パン　850円

東京・旗の台『Spica・麦の穂』

その名とおり、旬の国内産新玉ねぎをふんだんに使ったパン。刻んだ玉ねぎを炒め、オレガノと醤油で味付けして生地に混ぜ込む。同店では果物からおこした自家製の天然酵母を使い、余計なものを加えていないので、噛みしめるごとに玉ねぎ特有の甘みや風味が楽しめる。小麦粉も国産全粒粉を使用。

酵母の酸味にドライフルーツの甘みをプラス

フィッグ・エ・ノア　160円

大阪・吹田『ブランジェリー＆トラットリア　ムッシュ　ムカイ』

素材のよさを活かした「シンプルさ」へのこだわりが近隣の主婦に人気の店。これは、ドライ麦粉やグラハム粉を使った生地を天然酵母で発酵させ、ドライいちじくとくるみを練り込んで、小振りのバゲットのような形に焼き上げた一品。天然酵母ならではのほのかな酸味とドライフルーツの甘みのバランスが抜群だ。

ナツメグを加えてクセのある味に！

クラウン　150円

東京・国分寺『パンの家　ラ・ママン』

北海道産の強力粉ハルユタカと天然酵母、生イーストで作った生地に、有機栽培のブドウで作るレーズンとくるみを加えたブドウパン。これに少量のナツメグを加えることで、クセのある味を実現した。この味は若い世代にはもちろん年輩客にも受け、１日に約30個が出る。

日本の酒種のパン生地と
西洋のチーズが融合

チーズクリーム　120円

東京・銀座『木村屋總本店　銀座本店』

酒種で発酵させる同店の明治時代からの名物「桜あんぱん」の生地に、西洋のチーズクリームを組み合わせた。若い世代をターゲットに昭和59年に開発したものだが、現在でも１日1000個近くが出る。酒種を使ったパンは、この「チーズクリーム」以外にも10種類以上を揃える。

カリッとした食感と甘い香りで人気！

メープル・クロッカン　160円

東京・駒沢『駒沢モンタボー』

ルヴァン種の特性を活かし、ブリオッシュ、クロワッサンなどのパンも作る同店。クロワッサン生地をはじめ様々な生地を使うこのパンは、メープルシュガーを使って独特の香りを魅力にした。カリッとした食感と甘い風味に、女性からの人気が高い一品。

クルミとレーズンがぎっしり！

天然酵母クルミとレーズン　120円

東京・恵比寿『コンコルド恵比寿店』

レーズン発酵種の天然酵母を使った歯応えのあるフランスパン生地を使用。この生地に対してクルミとレーズンを15%ずつたっぷり加えることで、クルミの香ばしさとレーズンの甘みを全面に押し出し、食べ応えのあるパンに仕上げた。

全体の50%に最高級のくるみを使って

クルミとキャラメル　700円

東京・都立大学『ＩＢＩＺＡ　パン焼き人』

自家製キャラメルクリームソースをくるみにからめ、生地に巻き込んで焼き上げた。くるみは最高級カリフォルニア産のものを使用。パン全体の50%に当たる量を使っているので、食べるたびに、くるみの香ばしさとほんのりした甘さが口の中に広がる。皮の香ばしい焼き色も視覚的に食欲をそそる。

香ばしさ、コク、さわやかな酸味で人気

ナッツとパイナップルのクリームチーズ包み　250円

大阪・西『ブランジュリ　タケウチ』

ブドウから培養した天然酵母のほのかな酸味と、あぶったナッツの香ばしさが決め手の、夏向きの天然酵母パン。白ワインに約１ヶ月浸けたパイナップルを生地に練り込み、中にクリームチーズを入れた。クリームチーズはコクのある味で評判の、フランス・キリ社のものを使用。

石窯の効果で、皮はパリッ、中はふっくら

パン・ド・カンパーニュ 900円

東京・四谷『ブランジェ 浅野屋』

生地にはブドウを培養した自家製天然酵母と、石臼挽きの全粒粉、軽井沢から取り寄せたやや硬質の水を使用。ブドウ酵母のさわやかな酸味が特徴の、ヨーロッパの伝統的な食事パンだ。遠赤外線効果のある石窯で約45分間焼き上げるので、皮はパリッと香ばしく、中はふっくら焼き上がる。

粉、水、塩とシンプルな材料のミニ・バゲット

プティ・バゲット・ロブション 100円

東京・恵比寿『ブティック・タイユバン・ロブション』

小麦の全粒粉と水を合わせて培養した天然酵母を使う、長さ20cm程度のミニ・バゲット。材料はフランスパン専用粉と天然塩、水のみ。砂糖と油などは一切使用しない。280℃で約12分間と短時間焼くことで、皮はパリッと、中はモチモチとした仕上がりに。ミニサイズで1本100円という手軽さも人気の要因だ。

サワー種を使い
ほのかに酸味を効かせて

ファリーヌ・コンプレート　240円

京都・下鴨『グランディール』

バゲットには珍しくサワー種を使って発酵させているので、ほのかな酸味と深い味わいを醸し出している。小麦粉は全粒粉を使用。豊かな風味とツブツブの食感が楽しめるバゲットだ。特に近年の健康志向を反映して、「毎日食べる食事パンとして最適」と人気急上昇中である。

レーズン発酵種の軽い酸味が特徴

猿楽カンパーニュ　1本500円　1/2本250円

東京・代官山『ヒルサイドパントリー代官山』

厳選したライ麦粉と国産小麦粉に、10日間かけて培養したレーズン発酵種の天然酵母を加えて作ったシンプルな商品。レーズン種特有の軽い酸味が食べやすい。2001年7月から売り始めた土日のみの限定販売品とあって、購買意欲を刺激された女性が主に買い求めている。

油分が少なめの
「縦巻き」クロワッサン

パリクロワッサン　120円

東京・町田『ドゥー・リーブル』

使用するバターは生地に対して15%と少なめ。この生地はホシノ天然酵母で発酵させており、香りにクセがなく、少量のバターでも風味が十分活きるからだという。またバターが少なめということで、ヘルシー志向の客にも好評。ちぎりやすいよう、型に入れて縦巻きにした。

バリッとした皮と噛みごたえのある生地を楽しむ

バゲッド　コム　シノワ　260円

神戸・三宮『ブランジェリー　コムシノワ』

生地には小麦粉、ライ麦粉、全粒粉を配合している。これらに少量の天然酵母を加えることでほのかに酸味を付けており、軽み、味わい、噛みごたえのバランスが見事。バリッとした皮の食感とうまみと弾力のあるクラムのコントラストが存分に楽しめる、バゲットの決定版だ。

ライ麦少なめで、自家製酵母の風味を活かす

北欧の森から　400円

京都・中京『キートス』

干しブドウから作る自家製天然酵母を使用。イーストや生地安定剤などの添加物は一切使用しない。生地には、国産小麦粉のナンブとライ麦粉を配合。うちナンブの３分の２は全粒粉だ。またライ麦粉の量は10%と少なめにすることで、自家製酵母の酸味とコクを活かしている。

酸味が苦手な人も食べやすく

セーグル・ノア　レザン　600円

神奈川・平塚『ル　パスポート』

無農薬のライ麦をベースに、無農薬国産小麦、有機栽培のレーズン、くるみを配合。さらに水は丹沢の銘水を使用と、自然素材に徹底的にこだわって作られている。酵母は自家製の小麦種。レーズンとくるみがバランスよく入っているので、ライ麦パンの酸味が苦手な人でも食べやすい。

５種類の小麦粉とライ麦粉を独自にブレンド

アミィ　大600円　小300円

神奈川・横浜『パン　ド　コナ』

酵母は自家製リンゴ種。粉はチホクをメインにハルユタカ、ナンブなど５種類の国産小麦粉と少量のライ麦粉を、独自の配合でブレンドして使っている。リンゴ酵母のほのかな酸味とコク、小麦粉の自然な甘さが十分に引き出されたパンだ。生地には、酸味のある酵母と相性の良いくるみやカランツを入れている。

スイスの伝統的な製法で作られたライ麦パン

ローゲンブロート　180円

東京・府中『モルゲン　ベカライ』

「ローゲン」はライ麦、「ブロート」はパンの意。ドイツの「ローゲンブロート」はライ麦粉の比率が90～100％のパンを指すが、スイスパンを提供する同店の「ローゲンブロート」はライ麦比率が３分の１と低め。それでもクラムの詰まったどっしりしたパンで、薄くスライスして食べる。

初心者向けに、小さく作って低価格で売る人気のパン

グラハム　120円

宮城・仙台『ミッシェル』

オリジナルのサワー種とライ麦粉を使ったパンで、菓子パンが主流の同店では異色の存在。そのため初心者でも手に取りやすいよう、サイズを小さくし、価格を低めに設定して売っている。また風味についても、ドイツパン特有の酸味とクセを抑える工夫も。その甲斐あってか、食事パンとして若い女性に人気がある。

自家製サワー種と多めのライ麦粉で本格的に

パパンレイパ（ライ麦パン）350円

京都・中京『キートス』

使用するサワー種は、ライ麦と水を合わせて半日寝かせた元種をかけ継ぎした自家製。発酵力の弱さは補助イーストを少量加えて補っている。生地にはライ麦粉を85％と多めに配合しており、酸味がかなり強い。「本格的なライ麦パンを」というニーズが徐々に高まっている中で、人気急上昇中だ。

酵母のコクがライ麦の酸味に深みを加える

天然酵母田舎パン　300円

大阪・大正区『窯出しぱん工房ロンパル』

菓子パンや惣菜パンを主力に販売する同店が、「天然酵母パン」のコーナーを設けて販売する商品。酵母はホシノ天然酵母を使用。強力粉にライ麦を20%配合してミキシングした生地を、30℃に保った場所で2時間寝かせ、酵母と粉の風味を引き出している。このほか、くるみやレーズン入りのパンも販売する。

市販のサワー種を長時間発酵させて使用

パン・オ・レザン・エ・ノア　1個400円　1/2個200円

京都・下鴨『グランディール』

リーンなパンを焼くには最適の石窯でゆっくりと焼き上げる。酵母は市販のサワー種を30℃で丸1日発酵させてから使用する。生地は、小麦粉にライ麦粉を70%配合。サワー種とライ麦のかなり強い酸味を、クルミとレーズンをふんだんに加えることで和らげ、食べやすくしている。

モルトシロップでほのかな甘みをプラス

ルイスリンプ（ライ麦パン）　600円

京都・中京区『キートス』

フィンランドの田舎パン。細挽きの全粒ライ麦粉を85%使ううえ、酵母もライ麦サワー種とあって、口当たりが粗く酸味がかなり強い。そのため発酵時にモルトシロップを加えて、酸味とほのかな甘みを同時に楽しませている。本格的な風味と食感は、特に外国人に人気が高い。

ドイツパンの魅力と知識

ライ麦の優れた栄養がドイツパン人気のカギ

天然酵母パンの人気上昇とともに注目を集めているのが、ドイツパンだ。ひとくちにドイツパンといってもその種類は多いが、主流となるのがライ麦粉を使ったパン（以下ライ麦パン）で、その種類だけでも４００種を超える。

ライ麦パンは、小麦粉だけのパンのようにふっくらとしたパンではなく、硬くずっしりとした重さのあるのが特徴。特有の酸味があり、やわらかい食パンに親しんだ日本人にはあまり馴染まない味わいだと思われていた。

しかし最近、このドイツパン、特にライ麦パンの人気が高まっている。ドイツパンの専門店も増え、また一般のパン店でも商品構成にドイツパンを加える店が増えてきた。人気の要因としては、現代人の「ヘルシー志向」「本物志向」という2つのニーズに対応していることが挙げられる。

厳しい自然条件で育つライ麦は、ミネラルをはじめ炭水化物、タンパク質、繊維質を供給する優れた栄養源だ。また、小麦粉よりは消化吸収の点では多少劣るものの、整腸作用があり、美容と健康によいとされている。

また、天然酵母パンの人気でもわかるように、無添加の手作りパンに対するニーズが高い。その点でライ麦パンは、水とライ麦を発酵させたサワー種を使って作られるのが一般的。こうしたシンプルで材料が明瞭であるという安心感が、ライ麦パンの人気を支える要因だろう。

一方で、「本物志向」の高まりも、人気の追い風になっているといえる。日本人の多様化する食生活にともない、「本当にいいもの」を選ぶ基準がレベルアップしている。「本場ドイツのパン」という言葉に客が魅力を感じるようになったのだ。

●ドイツパンの種類

ロッゲンシュロットブロート	ライ麦100 %のパン。粗挽きのライ麦の全粒粉を使っているので、酸味がかなり強い。
ヴァイツェンシュロットブロート	小麦の全粒粉100 %のパン。ドイツでは特に胃腸の悪い人がよく食べる健康食でもある。
ロッゲンブロート	ライ麦と小麦の混合パンで、ライ麦の比率が90～100 %のパン。
ヴァイツェンブロート	ライ麦と小麦の混合パンで、小麦の比率が90～100 %のパン。
ロッゲンミッシュブロート	ライ麦と小麦の混合パンで、ライ麦の比率が51～89%のパン。
ヴァイツェンミッシュブロート	ライ麦と小麦の混合パンで、小麦の比率が51～89%のパン。
シュトーレン	クリスマスの発酵菓子。小麦粉の生地の中に、ドライフルーツや木の実が入る。
プレッツェル	ドイツではパン屋のシンボルマークにもなっているパン。カリッとした歯ごたえが特徴で、ビールのつまみに最適。小麦粉の発酵生地を成形し、アルカリ溶液に浸して焼く、という独特の製法で作られる。

ドイツパンの種類と、その売り方のアイデア

では、ライ麦を使ったドイツパンには主にどんな種類があるのだろうか。

ドイツではライ麦と小麦粉の混合パンが多く、その比率によって呼び名が異なる。ライ麦粉の比率が90～100％と高いパンを「ロッゲン（＝ライ麦）ブロート（＝パン）」、逆に小麦粉の比率が90～100％のパンを「ヴァイツェン（＝小麦）ブロート」という。

一般的に、ライ麦が多く生産されるドイツ北部では必然的にライ麦の比率が高くなり、南下するにしたがって小麦の比率が高くなるという。また、それ以外の比率の混合パンを「ミッシュ（＝混合）ブロート」といい、ライ麦粉が多い場合は「ロッゲンミッシュブロート」、小麦粉が多い場合は「ヴァイツェンミッシュブロート」という。それぞれの比率や、それ以外のドイツパンの特徴については、上の表を参照していただきたい。

パン好きの人によりドイツパンの人気は高まってきたが、まだ多くの日本人にとっては馴染みが薄い。そこで新しく導入する店では、ライ麦の比率を20％、45％、80％などと段階的に調整したパンを提供し、ドイツパン入門者から愛好者まで幅広い層に対応するケースが多いようだ。また入門者用として、クルミやレーズンを加えて強い酸味を中和させたり、本場の食べ方にならってパンに合うチーズやハム、ソーセージなどを店頭に並べる店も増えてきている。

※参考資料／「食材図典Ⅱ」（小学館）

天然酵母パンで人気の店の魅力

Natural Yeast Bread

天然酵母パンの人気の高まりとともにそれを提供する店が増えている。そして人気の店では、単に天然酵母パンを売るだけでなく、買いに行く楽しさや、また来てみたいと思わせる"何か"がある。全国の天然酵母パンの人気店・繁盛店の人気の秘訣を紹介しよう。

パン工房
パンジャミン

埼玉・南浦和

閑静な住宅街で店づくりを展開。自然・安全志向の主婦層を掴む

「うちの店のパンを求めて、わざわざ来てもらいたいから」と、繁華街ではなく閑静な住宅街の近くにオープン。5種類の天然酵母・16～17種類の小麦粉を使い分け、常時70～80アイテムと様々な風味のパンを提供。その評判は遠方からファンを集めるほどにまでなっている。

手間のかかる天然酵母種を、5種類使い分けて独自の味を

『パン工房　パンジャミン』がオープンしたのは99年。「買い物の途中で立ち寄ってもらうのではなく、わざわざパンを買いに来てほしい」という願いから、JR線南浦和駅の駅前商店街ではなく、駅から徒歩8分ほどの人通りの少ない住宅地近くの場所を選んで開業した。その狙いどおり、同店の来店客の多くは周辺の住宅街に住む主婦たち。現在1日約160人を集めており、最近では近隣の主婦だけでなく、遠方から車でやって来るお客さえいるほどだ。

こうした人気の要因の一つが、天然酵母種や国産品の小麦粉などを使い、〝体に優しい〟パンを作り上げたことだ。主婦層は自然食品や安全な食品に敏感なだけに、同店の安心できる品質のパンが好評を得たのである。

そしてさらに大きな要因が、安心感だけでなく、どこでも味わえない「同店だけ」の味わいを作ったことである。

まず天然酵母種だが、培養には長時間寝かせなければならず、手間もかかる。その天然酵母種を、同店ではルヴァン(小麦粉種)、ブドウ種、ブルーベリー種、クランベリー種、

埼玉県さいたま市文蔵2-29-19
tel. 048 (836) 2577
営業：8時～19時30分
休日：日

白とブルーを基調にした店舗。ドア付近には黒板を置き、その日のおすすめのパンを紹介して入店を誘う。

天然酵母と高品質の小麦粉で、生地の味わいを楽しむパンに

イングリッシュブレッド
1斤 250円

強力粉とルヴァン種で作る。外はカリッと中はモチモチの食感が特徴。トーストすると特においしい。

石臼挽きフランス
200円

埼玉産小麦と、熊本産の石臼挽き小麦を使用。ルヴァン種で発酵させた、香ばしさと食感が特徴。

広い窓の明るい店内では、食事用のリーンなパンを中心に、菓子パンも多数揃える。

天然酵母クランベリー入り
380円

独自のクランベリー種を使ったパンで、中にもクランベリーが入っている。水曜限定発売。

パンオコンプレ
400円

全粒粉に内麦をブレンドし、ルヴァン種で発酵させた。小は120円。ベーコンチーズ入りは180円。

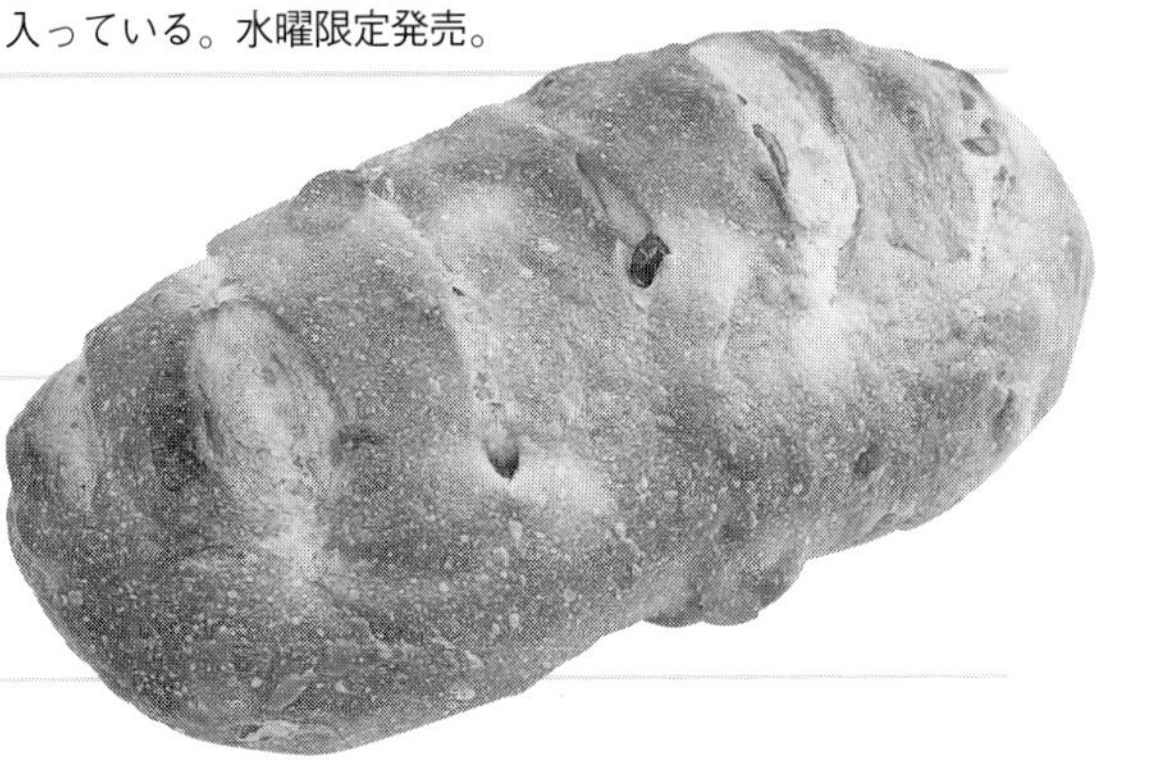

レモン種の5種類も育て、並行して使っている。特にブルーベリー、クランベリーやレモンを使った酵母種は、その特徴を活かせるタイプのパンに使うことで、独特の香りや酸味をより強調するなど、工夫を凝らして人気を集めている。

小麦粉もこまめにブレンド。パンの味に合った生地作りを

さらに、小麦粉についてもバラエティー豊かな点が『パンジャミン』の特徴だ。地元・埼玉のものから熊本産小麦、北海道産ハルユタカ、フランス産小麦、全粒粉…など、合計16~17種類を揃えている。

小麦粉はパンの基本食材であるだけに、大手メーカーのものを使うだけでは、味に店独自の個性を出すのは難しいもの。しかしその一方で、地方で少量生産されている小麦粉だけでは、特徴は出せるが品質が安定しないことが多い。

そこで同店では16~17種類もの小麦粉を揃え、粉の品質によって微妙な割合でブレンドしたり、パンによっては使い分けたりする。キメ細かな粉の配合が、同店ならではのパンの個性になっている。

しかも、同店では常時70~80アイテムのパンを揃えているが、それに使う生地は20種類にも及ぶ。

一般的には、ベースの生地に違うトッピングやフィリングの材料を合わせ、少ない種類の生地でパンのバリエーションを増やすことが多い。だが、同店ではそうした生地の重複

menu **クロワッサン**
100円
発酵バターを独自にブレンドし、サクサク感を出した人気商品。ルヴァン種を使用。

menu **カンパーニュ**
400円
埼玉産小麦で作る素朴なパン。埼玉産のものは灰分が多く、フランス産の小麦に近いのが特徴。

酵母種と小麦粉、食材から価値の高いものを豊富に！

同店ではルヴァン種、ブドウ種に加え、珍しいクランベリー種、ブルーベリー種、レモン種の計5種類を使っている。

小麦粉は、国産品をはじめとして、フランス産など、16～17種類。

棚の籠には、菓子パンをはじめとして、個性派パンがずらりと並ぶ。その日でほとんどが完売してしまうほど、どれも人気が高い。

を極力少なくした。そして、小麦粉の配合や酵母の種類を変えるなどした様々な生地を、少量ずつ多種類作り、それでパンのバリエーションを増やすようにした。

発酵時間や焼き時間が違い、管理も大変なのだが、お客の側からすれば、購入したパンの数だけ、生地の味を楽しむことができる。こうしたことも大きな魅力になっている。

店に並ぶパンの一つ一つにある、他店では味わえない魅力。それに欠かせない、酵母や小麦粉をはじめとした材料使いや生地作りなど、パンの味に対する徹底した姿勢が、同店の人気を支えている。

全国書店で
好評発売中!

伝統と新しさ

本場 ドイツパン入門

健康な毎日のためのパン作り

GRÄFE UND UNZER 編

オールカラー144頁　■定価2500円+税

ヘルシーなドイツパンの魅力と
手作りパンの楽しさを伝える
ドイツで人気のレシピ・ブックを
完全翻訳した待望の1冊!

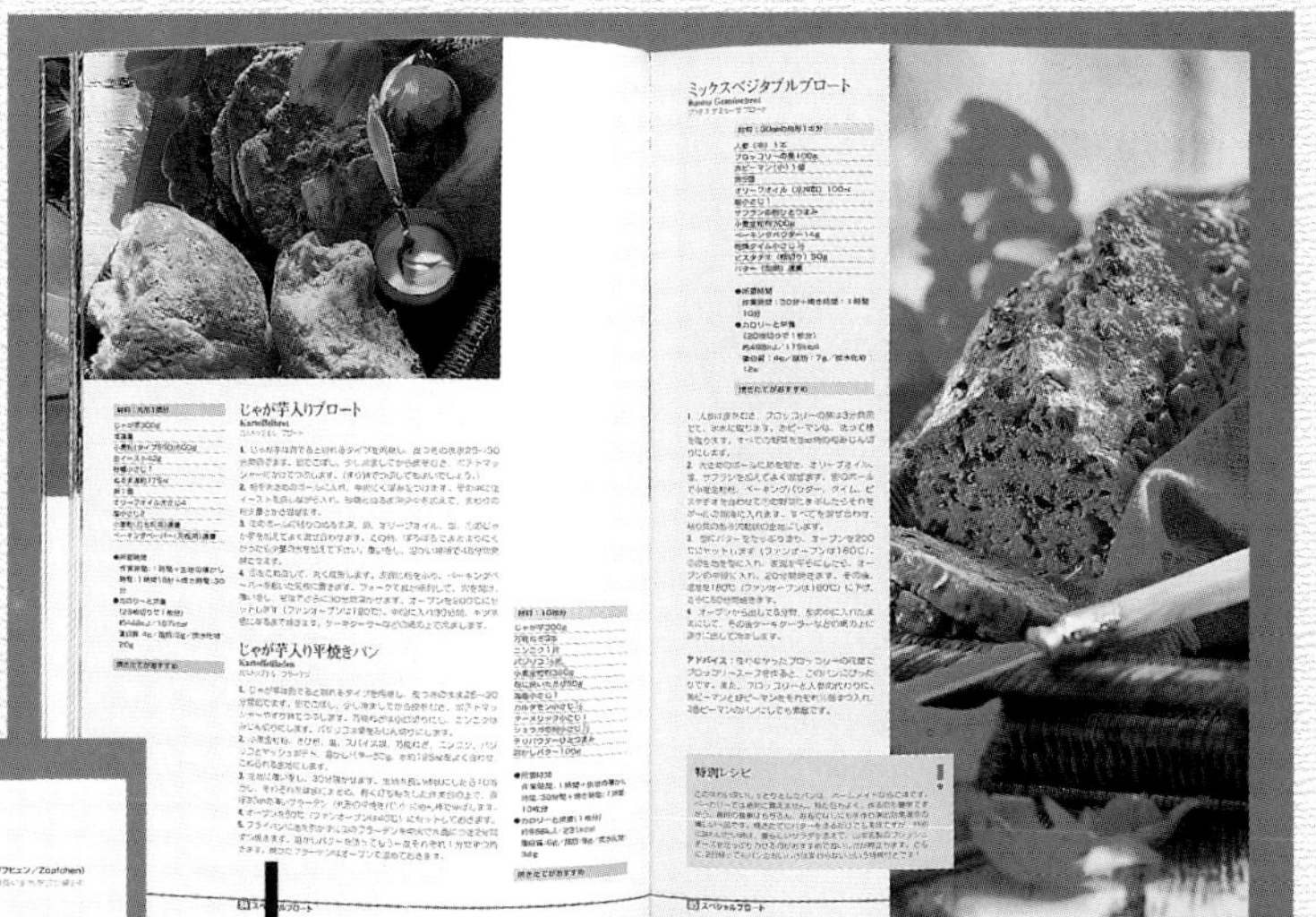

●充実の104のレシピ集

ドイツ伝統の〝ブロート〟、〝ブローチェン〟から
ドイツ風各国パン、パン料理まで104品を収録

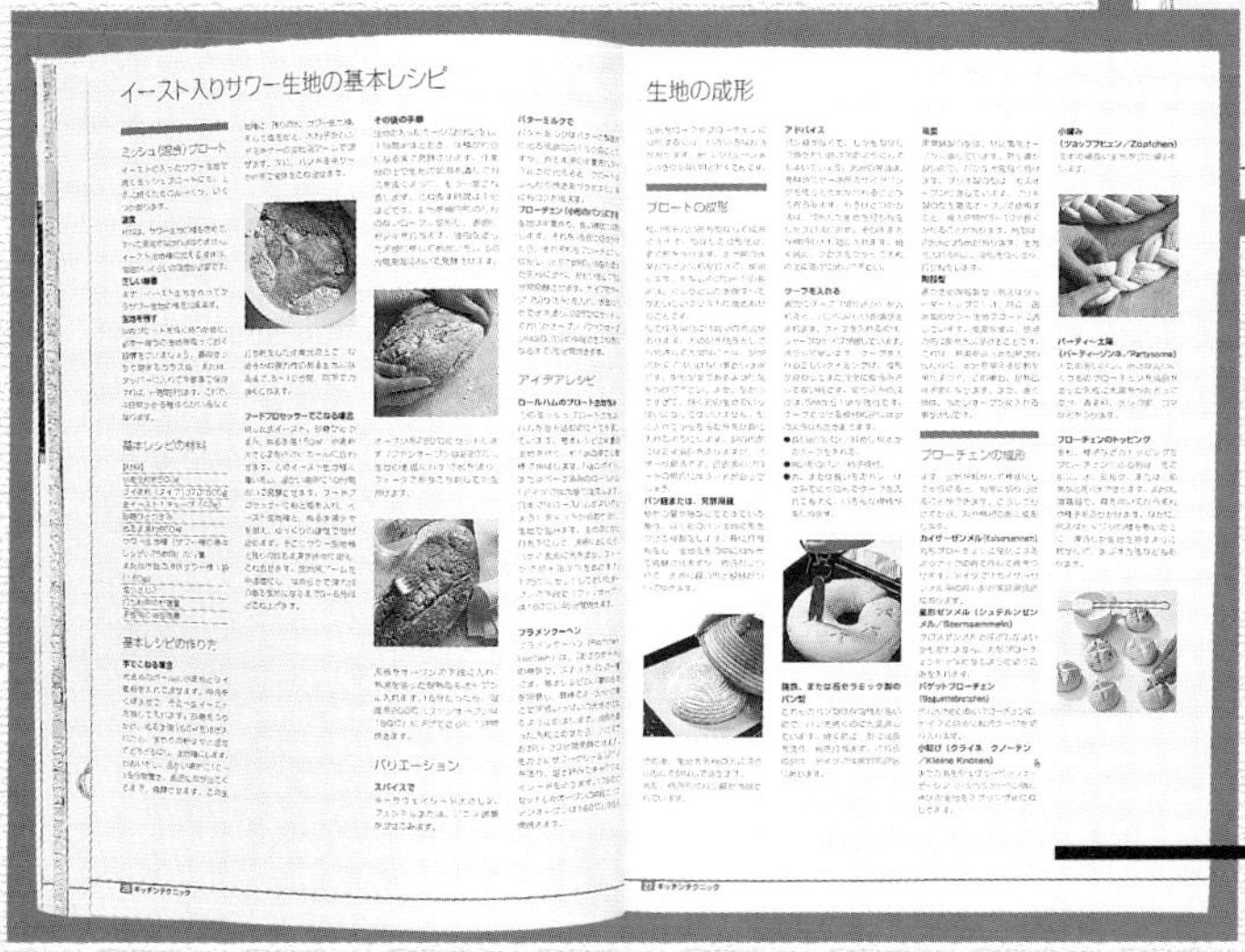

●パン作りのポイントを丁寧に解説

材料の知識、道具の知識、イースト生地やサワー生地の解説、パンを焼く時のコツやポイントまで初めての方でもわかるようわかりやすく解説

お申し込みはお早めに!

★お近くに書店のない時は、直接、郵便振替または現金書留にて下記へお申し込み下さい。

旭屋出版　東京都新宿区市谷砂土原町3-4
〒162-8401 ☎(03)3267-0865(代)　振替/00150-1-19572

1

2

Natural Yeast Bread

「人気店」「繁盛店」の
アイデア商法

マザーズ・ベーカリー

神奈川・藤沢

使う素材は全て安心＆安全食材。自然志向のパンが主婦層に好評

menu **プチマザーズ**
130円

国内産のライ麦と自家製フルーツ種を使った人気商品。くるみやレーズンなどの配合が絶妙。

menu **大納言コロン**
1本 740円

北海道産の大粒小豆「大納言」をパン生地に入れ、国内産の白ごまをまぶした。ハーフサイズ（370円）もあり。

神奈川県横浜市青葉区藤が丘2－5
tel.045（973）6555
営業：10時～20時
休日：第3水

安心素材だけを扱っているスーパー『マザーズ藤が丘店』内の『マザーズ・ベーカリー』では、やはり健康志向の素材だけを使ったパンを提供している。スーパー全体で一日約１５００人の来店客があるが、その3分の1の５００人が立ち寄る繁盛ぶりだ。

有機野菜と無添加加工食品の流通会社。白神山地ワイルドベーカリー㈱が運営する『マザーズ・ベーカリー』では、自然の安心素材を使ったパンをメインに提供。自然食品への需要の高まりと、ともに、子供を持ち藻安全な食品に敏感な主婦が訪れるスーパー内に立地するとあって、22坪の店内には常にお客の姿が絶えない。全体で１日約１５００人の来店客があるが、同店ではおよそその３分の１

安心素材だけを扱っているスーパー『マザーズ藤が丘店』の中に立地する。

1 3 安全・安心の素材で作るパンを求め、1日平均500人のお客が来店する。中には20席のイートインスペースで昼食をとる子連れの主婦たちも。愛宕グリーンヒルズにも店がある。
2 パンの種類は常時70～80種。惣菜パンにスタッフィングされる野菜や肉などもすべて、「より安全で自然なもの」というコンセプトのもと厳選された食材を使う。
4 店内には、ジャムやコーヒー、牛乳などパンと一緒に消費される食材も販売している。これらもすべて健康志向のものだ。

安心素材だけで作る、バラエティ豊かなパン！

店で使っている天然酵母の数々。手前は、沖縄産の自然塩「シママース」。

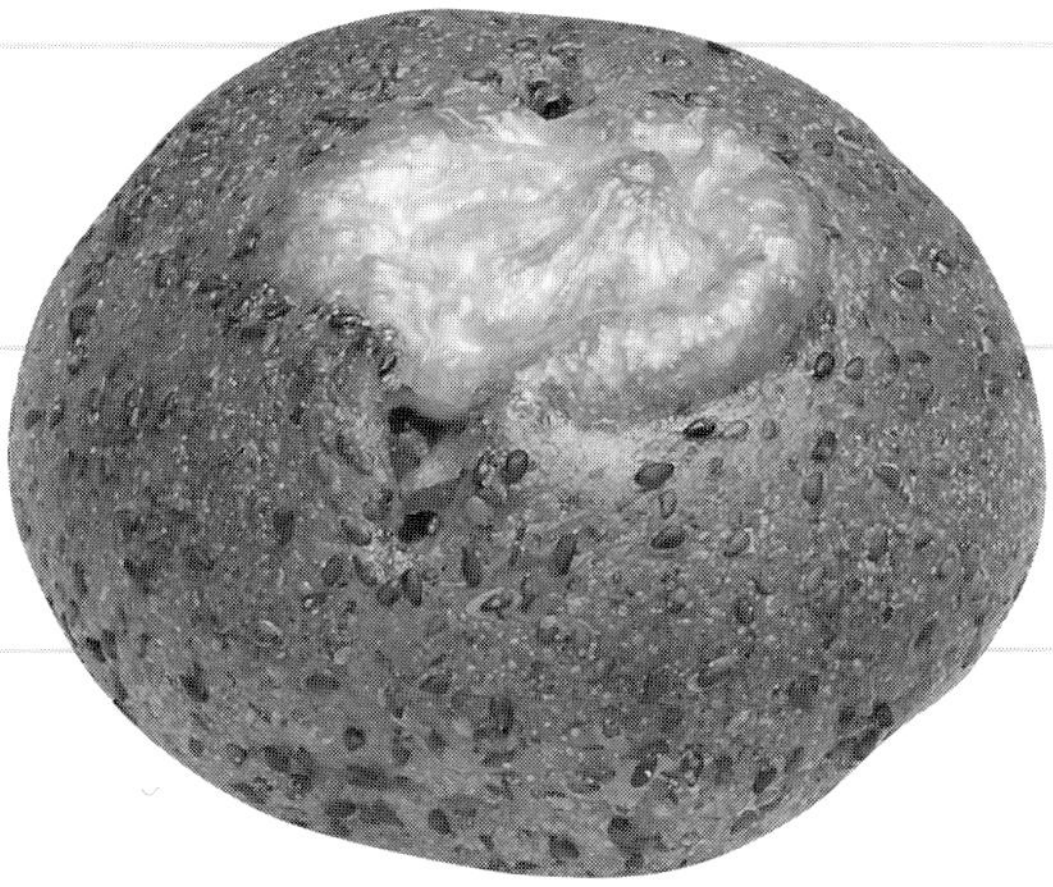

menu **焼きカレーパン**
120円

油で揚げずにオーブンで焼いたカレーパンは、油っこくないと好評。パンの中のカレーも自家製だ。

の５００人もが立ち寄るという。

安心素材を重要視する同店がパンに使う小麦は、厳しい管理の元で栽培された国産品。そして最も売り物なのが、天然酵母だ。

「白神天然酵母」を売り物に

同店では会社名にも使っている通り、同店では秋田・白神地方が特産の「白神こだま酵母」を使っている、東京・神奈川でも2店しかないパン店だ。「白神こだま酵母」とは、白神山地のブナ原生林の腐葉土から発見された野生酵母で、秋田県内だけでしか使うことができなかったものを都内で紹介したもの。この野生酵母の特徴は、発酵力が強く、冷凍への耐性が強いこと。風味にクセがないため素材の持ち味が活かせ、焼いたパンにはイースト菌に比べてしっとり感がある。

この「白神こだま酵母」をメインに、ホシノ天然酵母のパンも作る。それ以外の素材も、薬剤を使わずに育てた鶏の有機自然卵、沖縄産の自然塩「シママース」、栄養を損なわない低温殺菌の牛乳などと、徹底して安全・自然なものを厳選し、使っている。

また、パンを食べる時に欠かせないジャムやコーヒーなども一緒に販売しているが、これらも全て体に優しい製品を揃えている。

こうした、自然食品や安心素材を使うと、原価が割り高になり、その分価格も高くなりがちだ。しかし同店では、主婦層に気軽に利用してもらうため、一つ一つの量を調整することで、価格を抑えるようにした。現在、常時70～80種類のパンを揃えている。

特に力を入れている食パンについては、種類ごとに素材と焼き上がり時間を説明したPOPで、店側の熱意を伝える。客も、好みのパンについての情報が一目でわかるので便利。

素材へのこだわりを幅広くアピール！

menu　工房食パン
230円

北海道産の小麦粉を使用。練乳と蜂蜜を練り込んだ、ちょっと甘めの贅沢なパン。

menu　ジャム
1本　740円

店内では、パンを食べる時に欠かせないジャムや蜂蜜も販売している。オリゴ糖を使ったものや無添加のものなど、やはり素材にこだわったものを厳選。

パン工房
風見鶏

埼玉・東浦和

厳選素材を使う個性派商品で、遠方からも来店する評判店に！

埼玉県さいたま市井沼方5-1
tel.048(874)5831
営業：10時～19時
休日：日・祭日

ＪＲ線の東浦和駅から徒歩約７分の場所に立地。

埼玉・東浦和の新興住宅街にある『パン工房　風見鶏』は、素材への徹底したこだわりと個性的なアイデア商品が客の心を掴み、年々売り上げを伸ばしている。クチコミにより遠方からもお客が訪れるほどで、休日前には８００人以上も来店するほどの人気店だ。

土曜日ともなると『パン工房　風見鶏』には、遠方から客が車で駆けつける。その人気の理由のひとつが、素材へのこだわりだ。

例えば、天然酵母を使った「パン通が好むパン」には、北海道産の小麦粉、ライ麦、コラーゲンを使用。中に「目に良い」といわれるブルーベリーを入れ、ヘルシー志向の現代客にアピールしている。

また、同店では「どんな家庭でも一番食べ

店内には試食コーナーを設け、新作や売り出し中の商品を試食してもらう。客の購買を促すほか、客の反応もチェックできるという利点が。

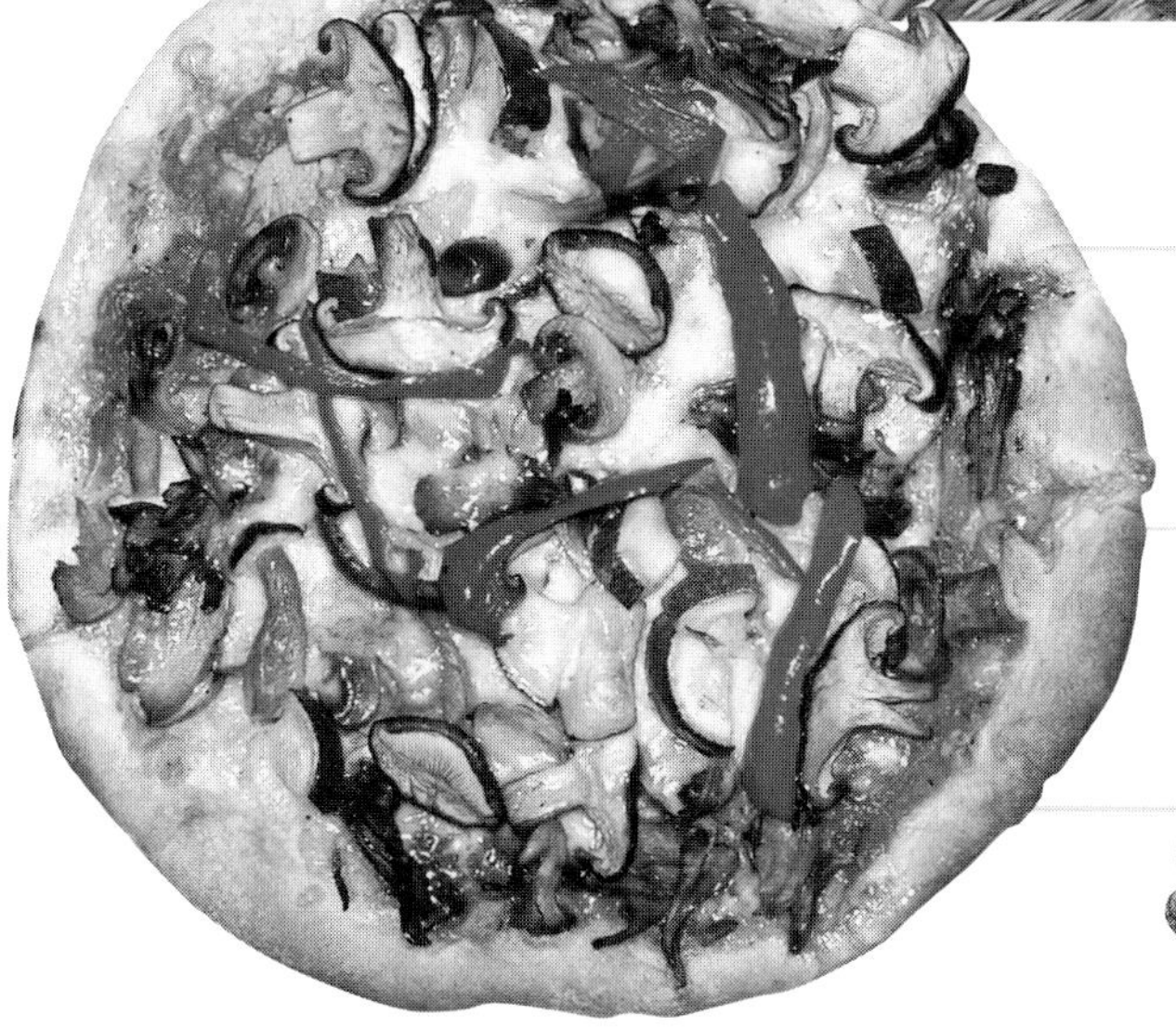

menu パン通が好むパン
320円

コラーゲン入りの天然酵母を使って作った。目によいといわれるブルーベリーが入っており、健康志向の客に評判。

menu ハーブチキン＆ズッキーニのピザ
800円

レモンハーブで味付けしたチキンと、4種類のキノコ、ズッキーニがたっぷりのった本格的なピザ。土曜日の夕方のみの限定販売。

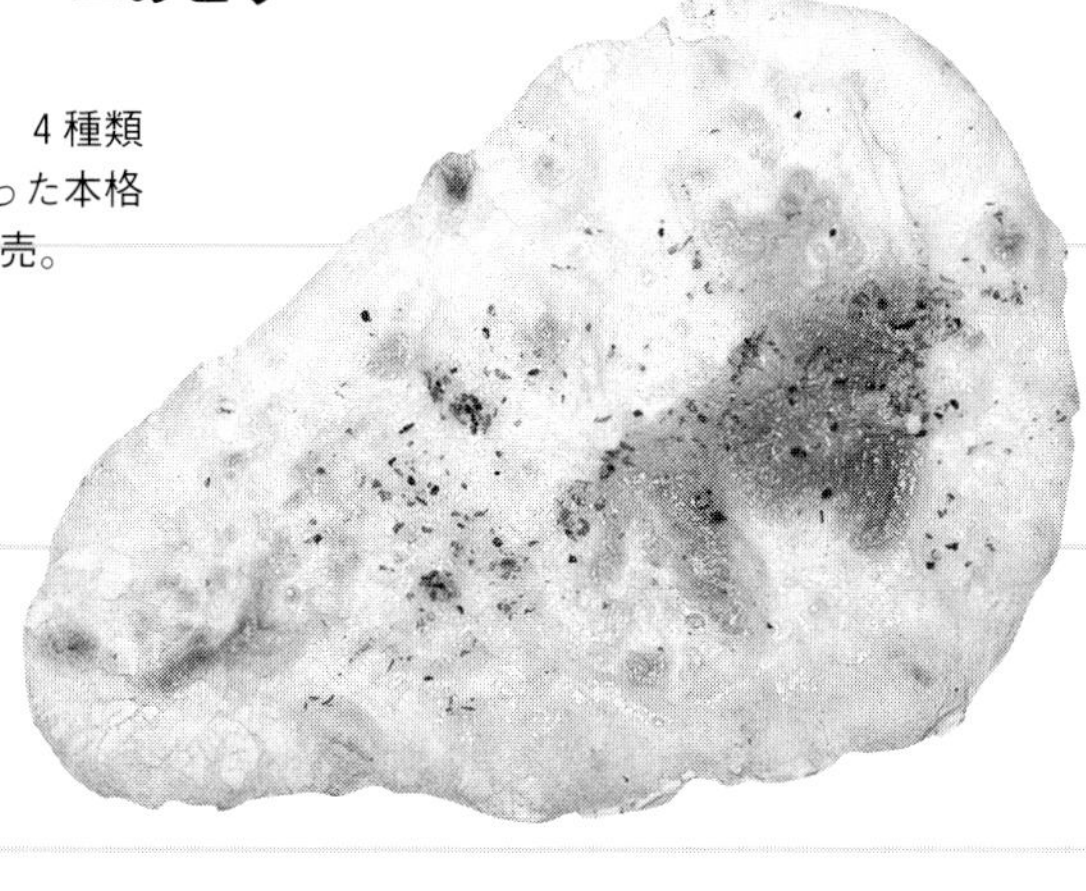

menu ガーリックナン
200円

最近提供するパン店が増えたナンは、10種類のスパイスを入れて他店と差別化。バターをたっぷりかけて風味豊かに仕上げ、おやつやビールのつまみとして食べてもらう。

menu 山の散歩
150円

山ブドウ、山サクランボ、クルミ、カレンズ（ブドウ）と、山の恵みがたっぷり入ったハード系のパン。店長が山に散歩した時に思いついたことから、この名前に。

る機会が多い」という理由から食パンにもっとも力を入れ、数種類の食パンを作っている。その中でも人気の「工房食パン」には、練乳と蜂蜜を練り込み、やはり北海道産の小麦粉を使っている。

素材にこだわると当然原価が高くなるのだが、それを単純に価格に反映させたのでは客は納得しない。そこで、食パンなど日常的に食べる商品は価格を抑え、「パン通が好むパン」のような他では手に入らない商品は価格を高めに設定し、原価のバランスを調整している。

「食事やおやつの時間を楽しく」をテーマに、アイデア商品を開発！

同店の人気の理由はもうひとつある。それは、「楽しく食事をしてもらえるようなパン」をテーマに開発しているアイデア商品だ。

20㎝台の本格的なピザやインドのパン「ナン」もその一例で、これらはトッピングや風味に工夫して他店との差別化を図っている。また、「ちょっとリッチな気分で食事をしたい時に食べてもらおう」と土曜日の夕方に限定して販売している点もポイント。この狙いは見事に当たり、店頭に並べると1時間以内にすべて売り切るほどの人気を獲得している。

さらに、「食事だけでなくおやつの時間も楽しく」とパイやケーキなどの菓子類の製造・販売も強化。このように客の立場に立ったこだわりや工夫、配慮が、創業以来13年間の繁盛を支えている。

スピカ・麦の穂

東京・旗の台

「作り手の顔が見える」素材を使い手間暇をかけたパンが人気に！

玉ねぎのポケットパン
250円
醤油で煮た粗みじんの玉ねぎを練り込んだもの。中に具を詰めれば「ポケットサンド」に。

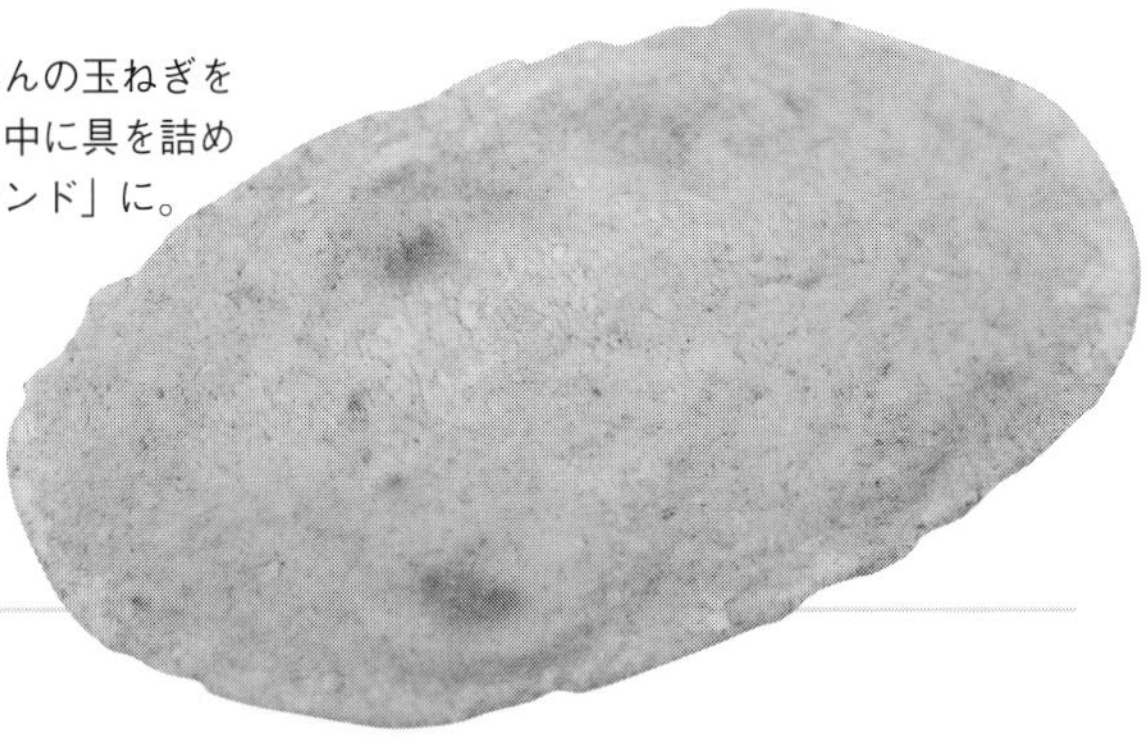

噛みしめるたびに素材の風味が味わえる、多彩なパン！

じゃがいものポケットパン
250円
同店には旬の食材を使ったパンが多いが、これもその一例。旬の新じゃがを使った夏のみの期間限定品。

店の入り口には、麦の穂やパンへの思いをつづったボードなどを置く。店名である麦の穂は、同店の自然志向をイメージ化したものだ。

東京都品川区旗の台5-28-13　シュロス旗の台1Ｆ
tel.03（3788）5536
営業：11時～19時
休日：月・火

『スピカ 麦の穂』では、「命の元になる食べ物は、安心して食べられるものでなければならない」を基本姿勢としてパンを作っている。厳選した素材を使うのはもちろんのこと、時にはその生産者を訪ねることも。そんな真摯な姿勢がお客の共感を呼んでいる。

時には素材の生産者を訪ねて安全な食について意見交換も

『スピカ　麦の穂』の素材へのこだわり徹底している。酵母は、レーズン、いちじく、りんご、かりんといった果物からおこした自家製天然酵母を使用。小麦は国産小麦、水は一度浄水器に通し、さらに炭を入れて一昼夜置いたもの。また、旬の野菜や果物を取り入れることも意識している。

同店ではそうした素材を使うにあたって、時には生産者のもとを訪ねて話をし、安全な食べ物に対する理解を深め合うこともある。そのような「作り手の顔が見える」素材づかいや店主の真摯な姿勢は、お客の共感を呼び、リピーターを増やしている。

素材の風味を生かすために、粉は石臼で挽き、手でふるう

酵母づくりは時間や手間がかかる作業だが、「作り手の顔が見える素材を使う」というのが同店のモットーでもあることから、同

店内には季節の野菜や雑穀など健康食材を使った豊富な種類のパンが並ぶ。奥の棚に並ぶパンについては、スタッフに声をかけて取ってもらう。

客が安心できる素材を使用！

●天然酵母
同店で使う天然酵母はすべて自家製。レーズンやびわ、りんごなど季節の果物を使って作る。

●水
パンに使う水は一度浄水器に通し、さらに炭を入れて一昼夜置いたもの。

menu **わたしのお気に入り**
1本 2100円／1g 25円
くるみ、カレンツ、オートミールなどを使った同店の人気商品。

店の天然酵母は自家製だ。ほとんどが果物を使って作るが、その果物も季節のものを使う。例えばある年の夏はびわを、秋から冬にかけはりんごを使った天然酵母作りに挑戦したこともある。

ほかにも、全粒粉は自店で石臼で挽く、その粉は手作業でふるうなど、手間をかけてパンを作る点が同店の大きな特徴だ。こうすることで、小麦の香りや酵母の風味が生きたパンを作ることができるという。こうした店主の努力も、同店がお客に支持されている理由のひとつだ。

１つ１つの作業に手間がかかると、その分、作るパンの種類を少なくするケースもあるが、同店では逆に種類は多く揃えて、リピーターも飽きさせない配慮をしている点がポイント。例えば、中に具を詰めることもできるポケットパンだけでも、「玉ねぎのポケットパン」「じゃがいものポケットパン」と数種類揃える。また、「わたしのお気に入り」のようなハードタイプの食事パンについては、１本２１００円、½本１０５０円というように、客のニーズに合わせてサイズをいくつか揃えて売っている。こうして種類を多く揃える代わりに、１種類につき作る数を少なくして、製造作業の効率化を図っているのだ。

このような素材の使い方・手間暇かけた作り方により、同店のパンはどれも噛みしめるたびに素材のうまみがわかると好評。数が多くないこともあり、夕方には売り切れる商品もあるという。

menu **天然酵母角食**
250円

無農薬の国産小麦の全粒粉を細挽きにして使用。粗挽きを混ぜる「セモリナパン」よりも、食感はやわらかい。ただし、ふわふわではなく、もちっとした弾力のあるパンだ。

menu **セモリナパン**
260円

小麦そのものの香りを引き出すため、全粒粉の細挽きと粗挽きを混ぜて使っている。トーストした時の香ばしさが魅力。小麦粉は「天然酵母角食」同様、無農薬の国産小麦粉。

花小金井
丸十製パン

東京・花小金井

天然酵母パンの先駆けとして、吟味した素材で本来の味を売る

食パンの形の看板とレンガの壁が目印。日本初の天然酵母パンを出した店らしく、窓には「天然酵母パン」の文字が。

■東京都小平市花小金井南町 2 -17- 6
tel.0424（62）2214
営業：7時～18時30分
休日：火

昭和48年に日本初の天然酵母パンを売り出したのが『花小金井丸十製パン』。現在は調理パンを除く商品に天然酵母を使っている。余計な添加物は一切使わず、酵母以外でも小麦や塩など材料を厳選することで、素材本来の味を売り物にしてファンを増やしている。

パンによって粉を使い分け、小麦そのものを楽しませる！

「天然酵母」という言葉がまだ浸透していない昭和40年代後半から、同店ではホシノ天然酵母を使って、天然酵母パンを作ってきた。同時に、小麦は無農薬の北海道産、塩は沖縄産などと他の材料にもこだわっている。

それだけに、そうした素材が持つ本来の風味を味わってもらいたいと、同店の商品には、小麦粉、塩、水、酵母で作るリーンなパンが多い。しかも同じ小麦粉でもパンによって、全粒粉をローストしたもの、そうでないもの、細挽きしたもの、粗挽きしたものなどと使い分け、小麦そのものを味わう楽しみを提供している。その一例が、食事パンとしてもっともニーズが多い食パン。同店では、全粒粉の細挽きだけで作る「天然酵母角食」と、全粒粉の細挽きと粗挽きを混ぜて作る「セモリナパン」の2種類を作り分けている。前者はやわらかい食感が、後者はトーストした時の香ばしさが魅力となっている。

小麦粉を使い分けて、小麦の風味を楽しませる工夫！

menu ピリカ

360円

小麦を炒って粉状にした小麦粉を使った食事パン。店では、適当な厚さに切ってトーストして食べることをすすめている。

menu 田舎パン

390円

クラフトが厚くパリッとしている。全粒粉を使っており、その素朴な味わいが楽しめる。

menu そばまん

2個　250円

そばの葉を入れた生地で粒あんを包んだ菓子パン。ほどよい甘さが人気。

商品はリーンな食事パンが中心。そのほか惣菜パンや菓子パンなども売る。午後の早い時間には売り切れとなるパンも多い。

健康食材を使ったおやつも提供

雑穀やごま、おからを使った自家製クッキーやクラッカーといったおやつも売り、ヘルシー志向の現代客に対応している。

そんな同店のパンの特徴は、生地がもっちりしていて弾力があること。「健康一番、おいしさ二番、よくかんで丈夫な体をつくろう」というモットーにふさわしく、手で押してもつぶれることなく同じ形に戻ってくるほど、クラムがつまっている。グルテンの少ない国産小麦を使用しながらこれほど強い弾力感が生まれるのは、生地のミキシングと発酵にたっぷりと時間をかけているため。さらに発酵後も丸3日以上費やしてパンを焼き上げている。

ヘルシー志向のお客のために雑穀やおからのおやつも提供

このほかにも『花小金井丸十製パン』では、ソバやシナモンを使って味に変化を付けたパンも作っている。これらの商品は、初めての来店客にはヘルシーパンへの親近感を与え、リピーターには飽きさせない工夫となっている。

また、アマランサスといった食物繊維たっぷりの雑穀やおからなどを使ってクッキーを作り、健康なおやつを提案。ヘルシー志向の強い現代客のニーズに応えている。

もちろん、聞き慣れない食材には解説を添付するほか、お客からの質問にも丁寧に答えるといったソフト面でのサービスも欠かさない。特に、商品のレシピさえも快く教える点は来店客に評判で、そうしたサービスも同店の大きな魅力となっている。

「素材」と「手作り」で ヘルシー感を強化した 菓子パン・惣菜パン

ル・パスポート

神奈川・平塚

菓子パン・惣菜パンもヘルシー。幅広い層からの支持を獲得中！

menu キャロットブレッド
100円
地元産の人参を生地に練り込んだ。食事パンとしてだけでなくおやつにも向く。

menu アマランサス健康パン
300円
アマランサスはインカの古代食物としても知られる雑穀で、栄養価が高い食材として脚光を浴びている。これを10%配合している。

menu 農夫のパン
350円
国産の石臼挽全粒粉を配合。素朴な味わいで食事パンとして最適。

パンの装飾がひと際目をひく店頭。建物右手にレストランを併設している。
神奈川県平塚市南金目685
tel.0463(59)8400
営業：11時30分～21時
休日：月

リーンな食事パンはもちろん、菓子パンや惣菜パンでもヘルシーさを追求しているのが『ル　パスポート』だ。さつま芋などのヘルシーな素材を使ったり、フィリング類も自店で手作りし、子供から大人まで喜ぶ「おいしくて体によいパン」を提供している。

ソーセージやチーズも手作り。ヘルシーな菓子パン・惣菜パン

天然酵母を使った健康志向のパンというと、どちらかといえば、小麦粉・塩・水で作られるリーンな食事パンが多い。これらは比較的あっさりした味なので主食として毎日食べても飽きず、また年輩者にも受け入れられやすいが、逆に、おやつや軽食としてパンを食べる習慣があり、食べ切りサイズを好む若者にとっては、あまり馴染みがない。

しかしその一方では最近、ブルーベリーやさつまいもの一種である紫イモ、ザクロ、ヨーグルトなどがヘルシー食材として注目されるようになり、これらを使った菓子やデザート類の発売をきっかけに、若者のヘルシー食材・ヘルシー食品への関心が高まっている。つまり、例えばこれらの食材を甘いパンなどに利用することにより、健康志向のパンの可能性が広がるといえるのだ。

その好例が、レストランに隣接してパン店を経営する『ル　パスポート』。同店ではリ

パンのほか、右手前のショーケースにはごまや紫いもなどの健康食材を使ったケーキ、クッキーなどのお菓子類も並ぶ。

「自然」を基本精神にしている同店では、無農薬栽培のコーヒー・紅茶、ジャムなどの自然食品も扱う。

menu **自家製無添加ソーセージパン**
200円
全粒粉のドッグパンに、じっくりスモークした自家製ソーセージをはさんだ人気商品。

ーンな食事パンを中心にしながら、さつまいもなどヘルシーな食材を使った菓子パンや自家製の惣菜を使った惣菜パンなども提供し、幅広い客層からの支持を獲得している。例えば、沖縄産の黒糖とさつまいもをたっぷり使った「パタート」、リーンなパンをドッグパンに形作り自家製の無添加スモークソーセージを挟んだ「自家製無添加ソーセージパン」、焼きカレーパンの「キュリー ドボワソン」、数種類の野菜をトッピングした「野菜のピザ」など。これらのフィリング類はすべて自家製とあって、安全な食べ物を求める現代客に評判だ。

素材は、地元でとれたもの、生産者の顔が見えるものを！

もちろん、パンそのものに使っている素材も厳選されたものばかり。小麦粉は国産で、できるだけ畑がわかるものを使う。塩は自然塩、水は丹沢までわざわざ足を運んでその湧き水を汲んでくる。また、野菜など素材はできるだけ地元でとれたものを使うように心がけているという。

さらに自家製の天然酵母は小麦種で、完成までに8年を費やしたもの。これを主役にして作る「全粒粉パン・ド・ミー」や「カンパーニュ」「ライ麦パン」などは、手作りの石釜で焼いている。

このように、「体にいいもの」にプラスして「食べておいしいもの」を提供する同店には、わざわざ遠方から買いに来るファンも多い。

menu **バタークロワッサン**
190円
バターは那須高原直送の無添加のもの。朝食やランチタイムの主食として買う客が多い。

無添加・無農薬の素材で作る安全なパン

menu **317**
1g＝1円
いわゆるカンパーニュ。「317」の名は店主の誕生日（3月17日）から名付けた。無農薬小麦・天然酵母・塩で作ったプレーンな食事パン。全粒粉25％を使用。

試食をきっかけに客と交流を図る

レジ横の調理台にメランジェを置き、お客が来たらパンを切って渡す。試食から、客の好みやおいしいパンの食べ方などをテーマに会話が始まる。応対する店員にはパンに関する深い知識が必要なので、同店ではアルバイトは使っていない。

Levain《ルヴァン》

東京・富ヶ谷

積極的な試食や対面販売方式で天然酵母パンの魅力をアピール

東京都渋谷区富ヶ谷2-43-13
tel. 03（3468）9669
営業：8時～19時30分　日祭は18時まで
休日：月・第3日

従来のパン店ではあまり見られない対面販売方式で天然酵母パンを売っているのが『Levain』だ。お客にはまず試食してもらい、好みのパンについて話を聞きながら、同時にパンのおいしい食べ方や保存法を提案。コミュニケーションを図っている。

全粒粉の配合比率が低めの、食べやすいパンを試食用に！

天然酵母パンは自然派のパンとして健康志向が強い現代客の注目度は高いが、一般的にリーンな食事パンが多いことから、日本人の舌にはまだ慣れないものが多い。そこで『Levain』では、試食をすすめながら対面販売を行い、客とコミュニケーションをとる

昔のヨーロッパのパン店を思わせる店がまえ。アンティークな木彫りの看板は、手作りパン店の雰囲気を醸し出している。

対面方式販売で、おいしい自然派パンの魅力を売る！

信州の農家の廃材を使った店内にパンが並ぶ。木のぬくもりを生かした雰囲気は客にも好評だ。

menu メランジェ
1g＝1.7円

試食用に提供するパンで、もっとも人気。全粒粉の配合比率が10％と少なめにして食べやすく仕上げている。くるみと山ブドウ入り。

menu イングリッシュローフ
1g＝1.7円

イギリスパンにあたるもので、同店のパンの中では一番やわらかいタイプ。生地には蜂蜜と油と酢を使っている。

隣接のレストランでパン＆料理を！

約7年前に隣接してレストラン『ル・シャレ』をオープン。主に野菜を使った、同店のパンに合う健康志向の料理を提供するとともに、ヨーロッパのパン文化を紹介している。

同店で使う天然酵母は、レーズンに水を加えて発酵させ、小麦で培養する自家製。一度起こした酵母は長時間継続して使うが、時々種継ぎを行う。

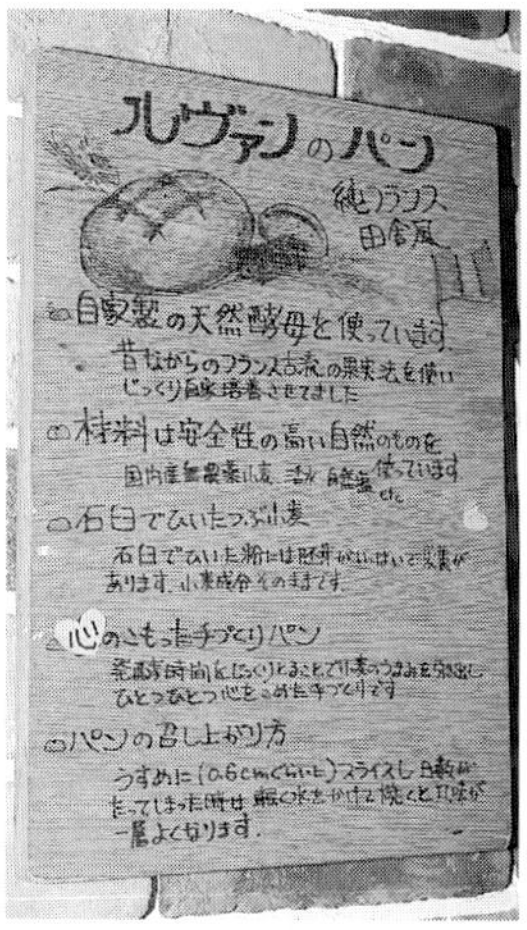

店内には、同店のパンのコンセプトを書いた看板を飾っている。店主のパン作りに賭ける熱意が客に伝わり、その熱意に惹かれたという常連客も少なくない。

ことで、天然酵母パンのおいしさをアピールしている。

試食用のパンは、全粒粉の配合比率が10％と同店のパンの中では少なく、食べやすい「メランジェ」。同店では栄養価が高いという理由から、小麦の粒を丸ごと石臼で挽いた全粒粉を使っている。しかし全粒粉を使ったパンはどっしりとした口当たりに仕上がる点が特徴で、日本人にはあまり馴染みがない。そこで配合比率が低い食べやすいパンを試食用に選んだのだ。

風味が不安定な天然酵母パン。その説明もスムーズにできる

客が来店したらこれを小さく切って差し出し、その感想や客の好みのパンについて話を聞く。同時に店側からも、おいしいパンの食べ方・保存法などを提案し、来店客と交流を図っている。

また同店では、レーズンを使った自家製天然酵母でパンを作っているが、自家製のため発酵力が安定せず、味もパンによって微妙に異なる。その点でも、対面販売方式だと客に説明して理解を得ることができるのだ。

同店がこれほど天然酵母パンにこだわるのは、より自然に近いパンを提供したいという思いから。そのため小麦粉はすべて国内産無農薬のものを使い、牛乳・バターは那須高原の牧場と提携して宅配してもらう。

こうして作ったパンは、客のニーズに合わせてグラム単位で販売しており、結果、客の評判を獲得して繁盛店となった。

商品の形や「焼きたて」を大切にした売り方

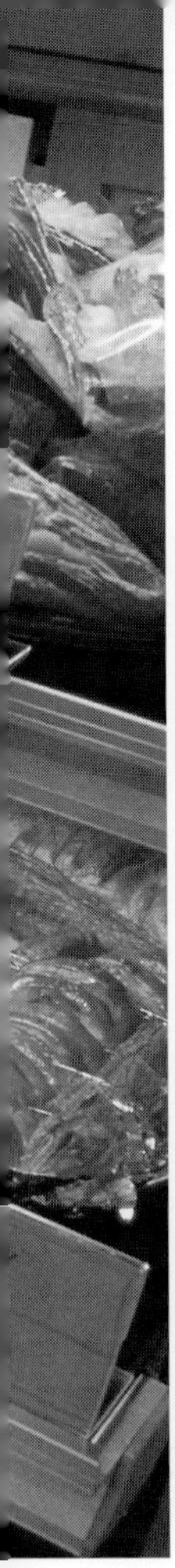

焼きたてのパンをその場で食べてもらいたいと設置したティールーム。ソフトドリンクの他、サンドイッチやホットドッグなども用意している。

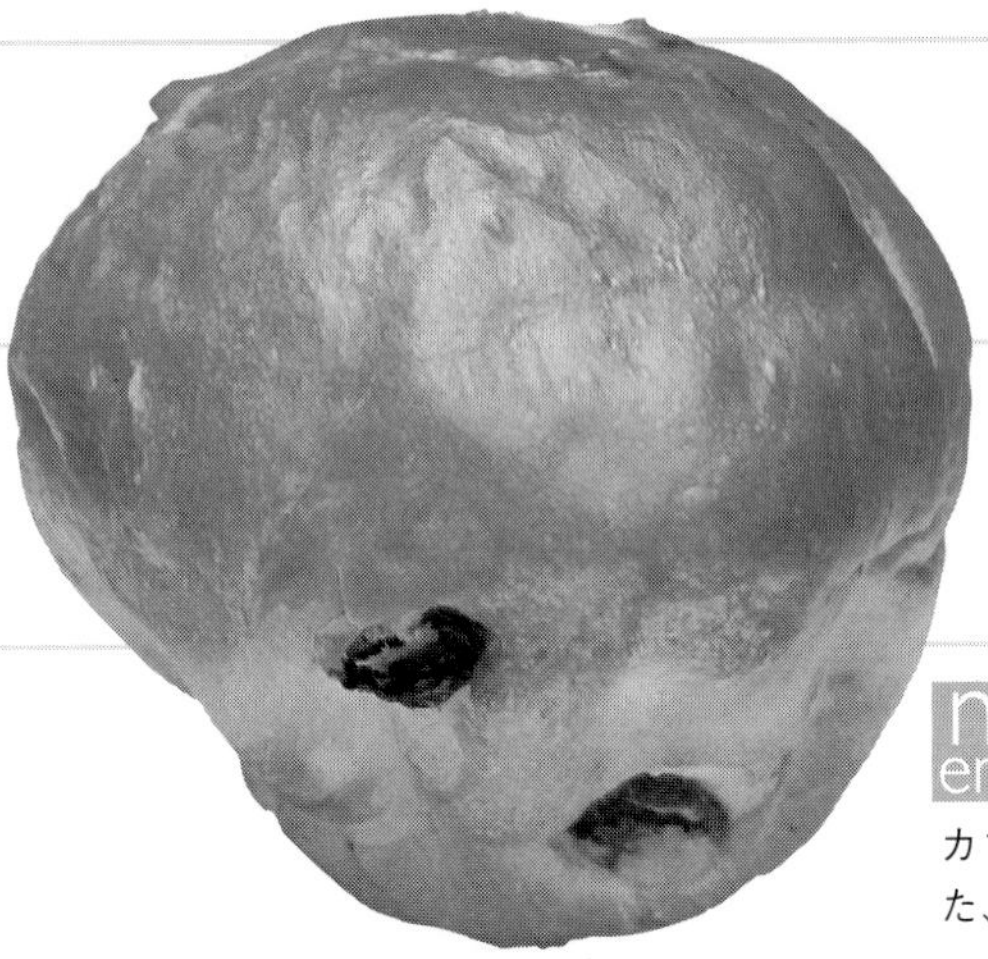

menu **レザンベール**
130円
カマンベールチーズを入れた、高級感漂う一品。

ブレドール

神奈川・葉山

焼きたてや形にこだわる売り方で約1400円の高客単価を実現！

神奈川県三浦郡葉山町一色657-1
tel. 0468（75）4548
営業：8時〜19時
休日：火

高齢者層の多い立地を考慮し、パン店としては落ち着いた雰囲気に仕上げた店舗。人口約3万人の葉山町には同店を含め6店のパン店がある激戦地だが、順調に固定客を増やしている。

御用邸のある場所として知られる神奈川・葉山。ここに、平成9年に開業した『ブレドール』は、素材を吟味しておいしくヘルシーなパンを作るのはもちろん、焼きたてや形にこだわった売り方を徹底。1400円という高客単価で1日300人を集客している。

町内の老舗パン店から独立。独自のヘルシーなパンを作る

『ブレドール』の店主・橋本宗茂さんはもともと、同じ葉山町にある老舗のパン店『ボンジュール』で工場長としてパンを作っていたが、自分のパンを作りたいと独立。したがって同店では、工場長時代に採用していた配合

形を崩さずに買ってもらうため、ハード系のパンや食パン以外のパンはショーケースに並べて販売。

素材吟味のヘルシーパンで客単価アップに成功！

オーブンは、コンベックディーンストの「B４Mバリオ」を使用。温度調節が容易なので、思い通りの焼き上がりに仕上げることができる。

menu **黒五クロワッサン**
180円
現代客の健康志向を配慮して開発した。黒米、黒ゴマなど5種類の粉末を配合している。

をすべて変え、独自のパンを提供している。

同店のパンは、すべて生地から作るスクラッチ製法である。酵母は国産の天然酵母やぶどう種を、また素材として使う野菜は有機野菜を使用。さらに現代客の健康志向にも配慮し、黒米・黒ゴマなどの粉末を生地に練り込んだ「黒五クロワッサン」などの商品も用意している。

商品の形を大切にしたいから ショールームに並べて売る！

一般的にパン店では、お客が自分の好きなパンをトレイにのせてレジへ運ぶセルフ販売方式を採用しているが、その場合、バターの多いクロワッサンなどの商品は形が崩れやすくなる。特に同店のパンは、バターを多く配合してカリッと焼き上げるのが身上なので、なおさらだ。

そこで同店では、ハード系のパンや食パンなど形が崩れにくいもの以外のパンはすべてショーケースに並べ、対面販売方式で売る。これはセルフ販売方式よりも効率は悪いが、効率以上に商品の形を大切にしたいと考え、採用したという。

また、できるだけ焼きたてを味わってもらいたいと、店内にはティールームを設置。こうしたおいしいを追求する姿勢が客に受け入れられ、開店当初は７００円だった客単価を1年足らずで１４００円に倍増。人口約3万人の町に6店のパン店がある「パン店激戦地」に立地しているにもかかわらず、１日３００人という集客にも成功している。

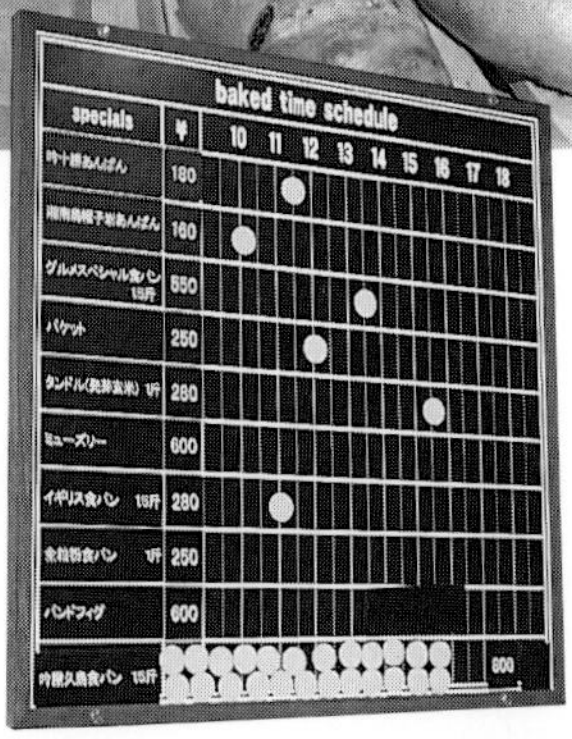

レジ横の棚に、焼きたてのハード系パンをそのまま並べる。まだ温かい、香りの立つパンの魅力を味わってもらうため、焼き上がり時刻も表示している。

Natural Yeast Bread

「人気店」「繁盛店」の
アイデア商法

駒沢モンタボー

東京・駒沢

ルヴァン種と、良質の食材で作るパンが、地元で人気を集める

menu **クロワッサン**
150円
ルヴァン種と相性の良い発酵バターを使う、贅沢な一品。香りと共に味わい深さが魅力。

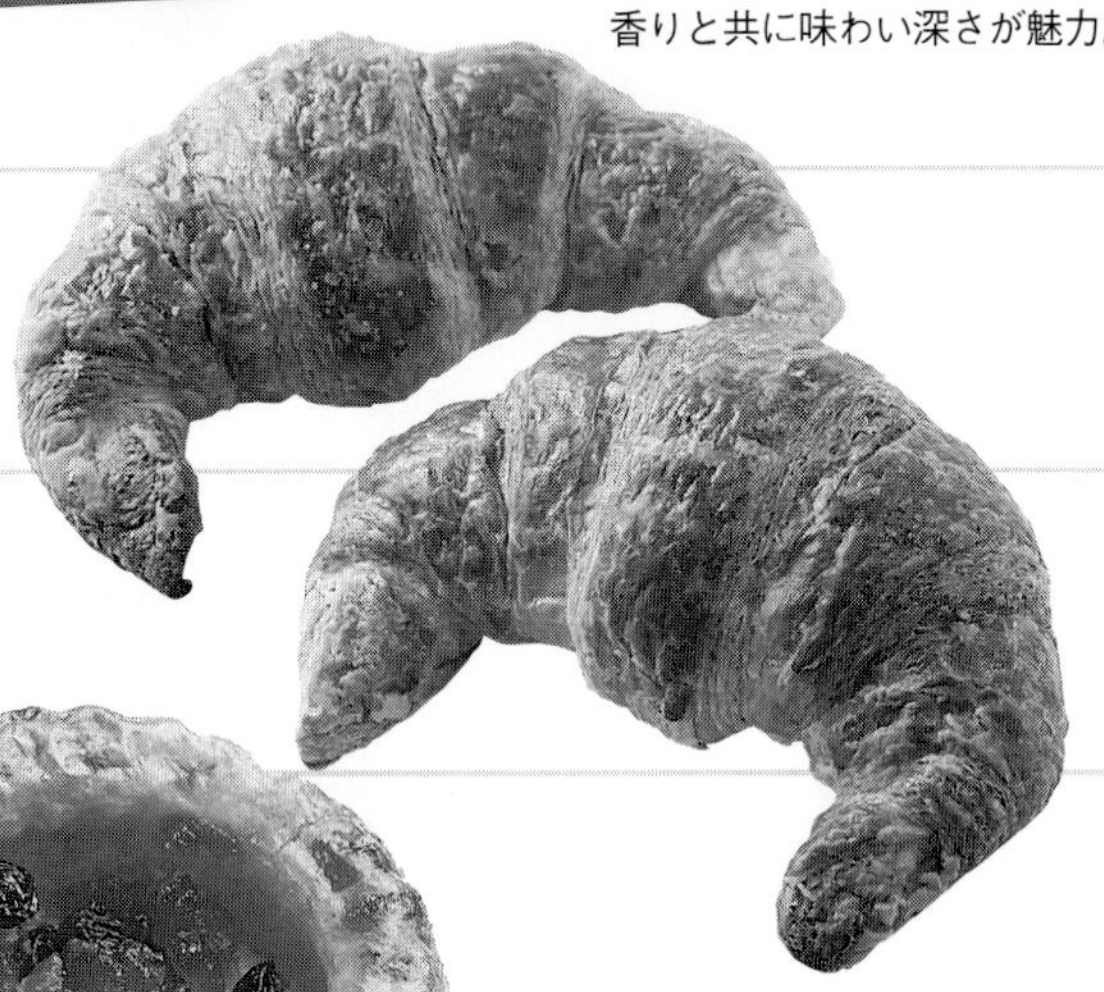

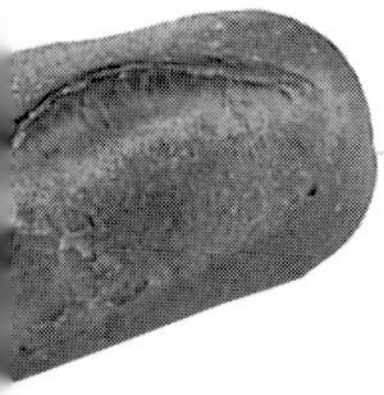

menu **フルーツデニッシュ**
160円
洋酒に漬け込んだフルーツが、生地の中央にたっぷりとのった、大人向けのデニッシュ。

車道に面した店頭は、ガラス張りで開放的な雰囲気。

東京都世田谷区深沢4-36-9
tel.03(5707)3895
営業：10時～20時
休日： 年中無休

地元の人たちが求めている、高い質のパンを出そう――。こうした理念の元に再スタートした『駒沢モンタボー』。ルヴァン種を用い、小麦粉やバターの質にも気を配った、風味と食感の良いパンが、今、地域の人たちに支持され始めている。

オーナーズ制を取り入れて、全国に107店舗を展開する㈱モンタボーの最新店舗が、東京・世田谷は駒沢の『駒沢モンタボー』である。

元々は10年前に、現在の場所に地元の人たちにおいしいパンを提供する店としてオープン。地元の人たちに支持されてきたが、開業後10年を経る間に食事系のパンが徐々に減っていき、品揃えで他店との差別化を付けにくくなってしまっていた。

そこで、開業当時の意識に戻って、当時人気のあったパンをはじめ、おいしいパンを提供する店を追求しようと、平成13年11月にリニューアルを行って再スタートを切った。

東京・駒沢は、大規模な公園があり、高級住宅地としても知られた土地。お店の背後にも高級住宅地が広がっており、開業当時からのお客の流れからしても、そうした人たちが求める――健康に関心が高く、多少高価でも品質の高いものなら納得してくれる――パンを出す店なら、必ず支持してくれると考えての再スタートだった。

健康への関心がますます高まっている今

売り場はレジ横の棚から左に続く。ここではデニッシュ系や食パンなどを置く。現在は120～130アイテム。

レジ横の棚では、焼けた順にハード系のパンがずらりと並ぶ。これらのパンは試食も行っている。焼きたての香りと豊かな味わいを確認しながら、好みのパンを買うことができる。

ヘルシーなパンに加えて、ジャムやスプレッドなどの食材類も販売。これらも健康に良いものを特に選んで揃えている。

名物の吟十勝(左)180円と、湘南烏帽子岩あんぱん(右)160円。贈答用でも人気。

焼きたての香りと音を魅力に地元で評判を作り上げた

menu ミューズリー
600円

オートミール、ドライフルーツなどが入る、ミネラルの豊富なパン。生地の風味付けにグラハム粉も使用している。

menu バゲット
250円

人気商品の一つ。フランス国内産の石臼挽き粉を使った、香りと風味の豊かなパン。

日、パンでは天然酵母を使ったものが注目されている。社内でも商品開発プロジェクトチームで研究を重ねており、天然酵母を使った店への意欲が高まっていた。

そこでリニューアルを機に、まず天然酵母を使った店に切り換えた。安定感が弱い天然酵母を使いこなすためフェルメントを導入。ルヴァン種でパン作りを行う店にした。

食材面でも品質の高さを考え、バゲットにはフランス国内産の石臼挽き粉を使用。またクロワッサンには高価な発酵バターを使った。原価のかかるバターを使うことで、価格は以前の100円から150円へと50％も高くなってしまったが、風味も食感も段違いによくなり、リニューアル後はクロワッサンを買って帰る人が非常に多くなった。こうしたことも、地域の人たちが望むパンが売れる、ということを証明した一例だ。

また品揃えについては、ハード系のパンの比率を高めた。これも地元の人が日常の食生活の中で店を利用してもらいたい、と考えた上でのこと。

食事パンのおいしさをアピールするため、店づくりではパン窯をレジ横にある棚の奥に設置。焼きたてをそのまま棚に並べて売るスタイルにし、積極的に味への演出も行う。それとあわせて、商品の試食を積極的に行い、味の良さを確かめてもらうようにした。

さらに店名には地名を最初に入れ、地域の店であることをアピール。こうしたリニューアル以降、同店は"地域のおいしいパン屋さん"という評価で人気を集めている。

ブランジュリ
タケウチ

大阪・京町堀

時間帯別にオリジナル品を揃え、朝から夕方までフルに客を集める

大阪府大阪市西区京町1-15-22
tel. 06（6444）2118
営業：8時～18時30分
休日：日

朝

朝食用として主にデニッシュ類を売る。特にフルーツを使ったものが人気で、フルーツは必ずフレッシュを使用。

昼

昼にはOLが昼食を買いに来るので、サンドウィッチ類を充実させている。昼休み前後は店に入りきれないほどお客があふれる。

夕方

主婦は翌朝のパンを買いに来る午後から夕方にかけては、ハード系の食事パンが中心。パン店には珍しい平台スタイルだが、商品全体を見渡せて選びやすいと、お客にも好評だ。

朝はデニッシュ系、昼はサンドウィッチ、夕方はハード系の食事パンと時間帯別に品揃えを図っているのが『ブランジュリ　タケウチ』。繁華街のど真ん中でもオフィス街のメインストリートでもない立地ながら、1日300～400人が来店する人気店だ。

時間帯別の商品構成に合わせパンの焼き上がり時間を設定

同店は、地下鉄の駅から徒歩約10分の、オフィス街と都市型マンションが混在するエリアに立地。これを意識し、時間帯ごとに変わる客層にこまめに対応して商品展開や構成、焼き上がり時間を設定している。

朝は朝食用にデニッシュやブリオッシュ、クロワッサンなどを陳列。昼は主にOL客向けにサンドウィッチなどを、午後から夕方にかけては翌朝のパンを買いに来る主婦客向けに、ライ麦パンやフランスパンなどのハード系のパンを売る。「できるだけ焼きたてを食べてもらいたいから」と、それぞれの焼き上がり時間も変える。サンドウィッチ用のハード系のパンは、昼前、午後と1日数回焼く。

ほぼ毎日、新商品を並べて常連客を飽きさせない配慮も

「焼きたて」のほかに、同店のパンのもうひとつの魅力がオリジナル性の高さ。

menu **天然酵母ドライトマトと フレッシュハーブのカマンベール包み** 250円

天然酵母の生地にドライトマトとフレッシュハーブを練り込み、カマンベールチーズを包んだオリジナルのパン。イタリアンレストランのカプレーゼをヒントに開発した。

menu **ブルーベリーのデニッシュ** 200円

店づくり、商品開発でも独自のアイデアを駆使！

厨房と売り場が一体になっている店内。パンが焼き上がると、そのままシェフ自ら平台に並べる。商品が並ぶ平台ごしに製造工程を間近に見ることができるので、お客は安心感がある。

レジ横の小さなショーケースに、「シュークリーム」（120円）など数量限定のデザートを並べている。昼には完売することも。

オーナーシェフの竹内久典さんは独立までの10年間に、パン店のほかイタリアンレストランやケーキ店でも技術を習得した。前者ではチーズの使い方や窯焼きピザの作り方を、後者ではフルーツの使い方を学んだという。また、休日にはレストランや市場、和菓子店などあえて異業種店を巡って新商品のアイデアに活かしたり、昼に大人気のサンドウィッチには、食パンではなく天然酵母パンやハード系のパンを使うなど、積極的に商品開発に取り組み、他店と差別化を図っており、こうしたことが人気の秘密になっている。

その結果、竹内さんのレシピは現在５００以上。そのレシピをもとに常時店頭に約60種のパンを並べ、その中にほぼ毎日新商品を登場させている。また昼のサンドウィッチはすべて日替わり。こうして毎日来店するお客も飽きさせないよう工夫している。

もちろん、食材にもこだわる。小麦粉は北海道産と熊本産、塩は沖縄産、砂糖は奄美大島のキビ糖。ゴルゴンゾーラやカマンベールといったチーズ類、フレッシュのみ使うというフルーツは、イタリアンレストランやケーキ店で培った人脈を生かし、最高級品を仕入れている。

こうして作られるパンの魅力は口コミで伝わり、今や同店は売り切れ御免の人気店として知られている。最近ではレストランのオーナーが客に出すバゲットを買いにくるため、一般客の場合は予約が必要なほど。また、土曜日には神戸など遠方からわざわざ車で買いにくる客もいるという。

Natural Yeast Bread
「人気店」「繁盛店」の
アイデア商法

石上章子さん

千葉・北小金

手頃な価格で安全なパンが大人気家庭の主婦による無店舗販売の店

営業：月・火・水

最新機器「輻射窯ミニ」で本格的なパンづくりを実現！

架台ホイロ付一枚差輻射窯ガスオーブン。台所に入るほどコンパクトだが、天然酵母パンを石釜のように味わい深く焼き上げる。

日曜日から仕込みを始め、主に月曜日から水曜日にかけてパン作りをしている。買ってくれるお客の顔を思い浮かべながら、心を込めてパン生地をこねるのがおいしさの秘密だとか。

家庭の主婦が趣味で始めたパン作りが評判を呼び、自宅を利用した無店舗販売という商売に発展させた石上章子さん。自然素材を使った安全なパンを手頃な価格で売り、主婦の間で評判だ。さらに最近では最新機器を導入し、より質の良いパンを提供している。

「おいしくて新鮮なパンを！」との思いから、自らパン作り

石上章子さんがパン作りを始めたのは7年前から。「おいしくて新鮮なパンを食べたい。売っていないのなら自分で作ろう」と思い立ち、友人とホシノ天然酵母の講習会に参加し、パン作りのおもしろさを知った。

さらにその後、出来上がったパンを、自身も所属している安全な食品を共同購入する会の会員に配ったところ、「お金を払ってでも食べたい」と評判になり、会で売ることになったという。

売り方のシステムは、毎週、他の自然食品とともに注文書にパンの名前と値段を書いて会員に回し、会員はFAXで注文を送るというもの。パンは自宅で作り、出来上がったパンは会の車が各家庭に配達してくれるので、石上さんは店舗を持たず自宅で作業している。店舗の維持費がかからない分、国産小麦や大島産の天然塩「海の精」、無精製の砂糖

menu 左上から時計回りに、
チーズフランス（140 円）、
ライ麦のカンパーニュ（300 円）、
シナモンロール（各100円）、
レーズンバンズ（各80円）、
クロワッサン（各100円）。

「洗双糖」といった上質な自然素材を使い、手頃な価格で安全なパンを作って評判を培ったというわけだ。
石上さんが作るパンは、食パンやカンパーニュ、クロワッサンなどの食事パンが中心だが、時には「ココアロール」や「チョコデニッシュ」といったおやつパンも作る。これらの使うレーズンやココアなどは、安全性を考慮してオーガニック素材を使っている。
また、レーズンを使った「ぶどう食パン」や、数種類の雑穀を入れた「雑穀カンパーニュ」などのオリジナル性の高いパンの開発にも積極的だ。

家庭用の輻射釜の導入により
パンの風味が飛躍的に向上！

昨年石上さんは、キュウーハンコーポレーションの輻射釜ミニを導入。それまではコンベクションオーブンを使っていたため、水分が抜けてパサつきがちだったのだが、本格的なパン焼き窯は、家庭では導入が難しい大きさだったのであきらめていた。しかし昨年、家庭の台所にも置ける輻射窯が発売されたことを聞き、即導入。以来、石上さんのパンは、色、香りのよい、よりふっくらとした焼き上がりのパンになった。
また最近では、純粋に「おいしいパンを作りたい」という石上さんの姿勢に共感した友人が営業してくれるようになったことから、口コミで少しずつ新たな客がつき始め、広がりを見せている。

フランスパン・世界のパン
本格製パン技術

全国書店で
好評発売中！

ドンクが教える本格派フランスパンと世界のパン作り

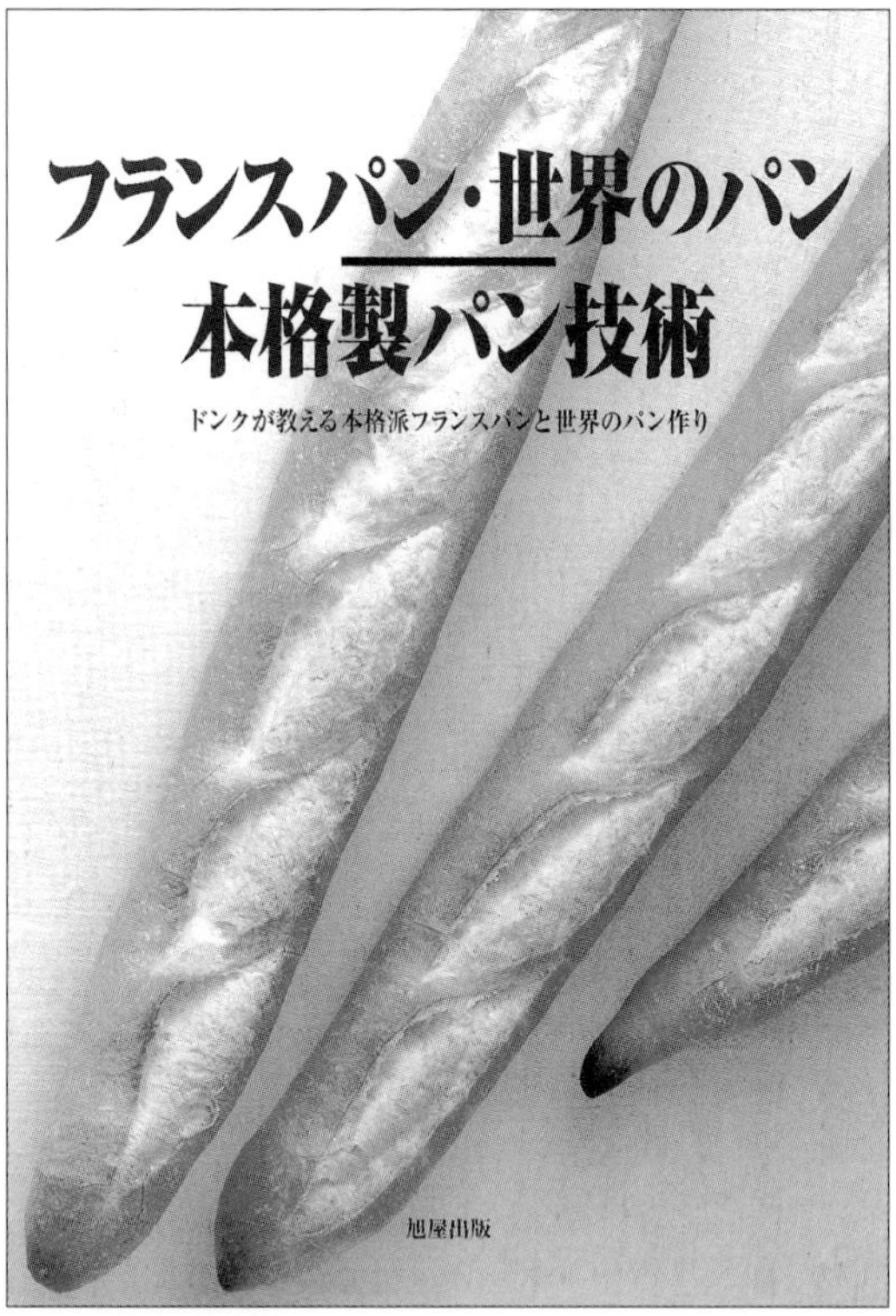

A４判カバー装　カラー96頁、1色16頁
本体3500円＋税

伝統的なフランスパンの技術から
世界のパン、日本で人気のパンまで、
「ドンク」が教える本格製パン教本

ハード系のパン、世界のパンなど豊富なレシピ

ディレクト法によるバゲットなどハード系のパンから、クロワッサン、ブリオッシュ、デニッシュ・ペストリー…など「ドンク」の豊富なレシピを紹介

フランスパン作りの基本知識やポイントを解説

小麦粉など穀物、イースト、塩などの材料、道具、そして
フランスパンの歴史まで、パン作りに役立つポイントを解説

お申し込みはお早めに！

★お近くに書店のない時は、直接、郵便振替または現金書留にて下記へお申し込み下さい。

旭　屋　出　版　東京都新宿区市谷砂土原町3-4
〒162-8401　☎(03)3267-0865㈹　振替／00150-1-19572

ベッカー

東京・牛込

本格的なライ麦サワー種を使い、本場の味づくり＆宅配対応に成功

東京都新宿区北町21信幸第2ビル
tel. 03（3268）2818
営業：8時～20時
休日：日

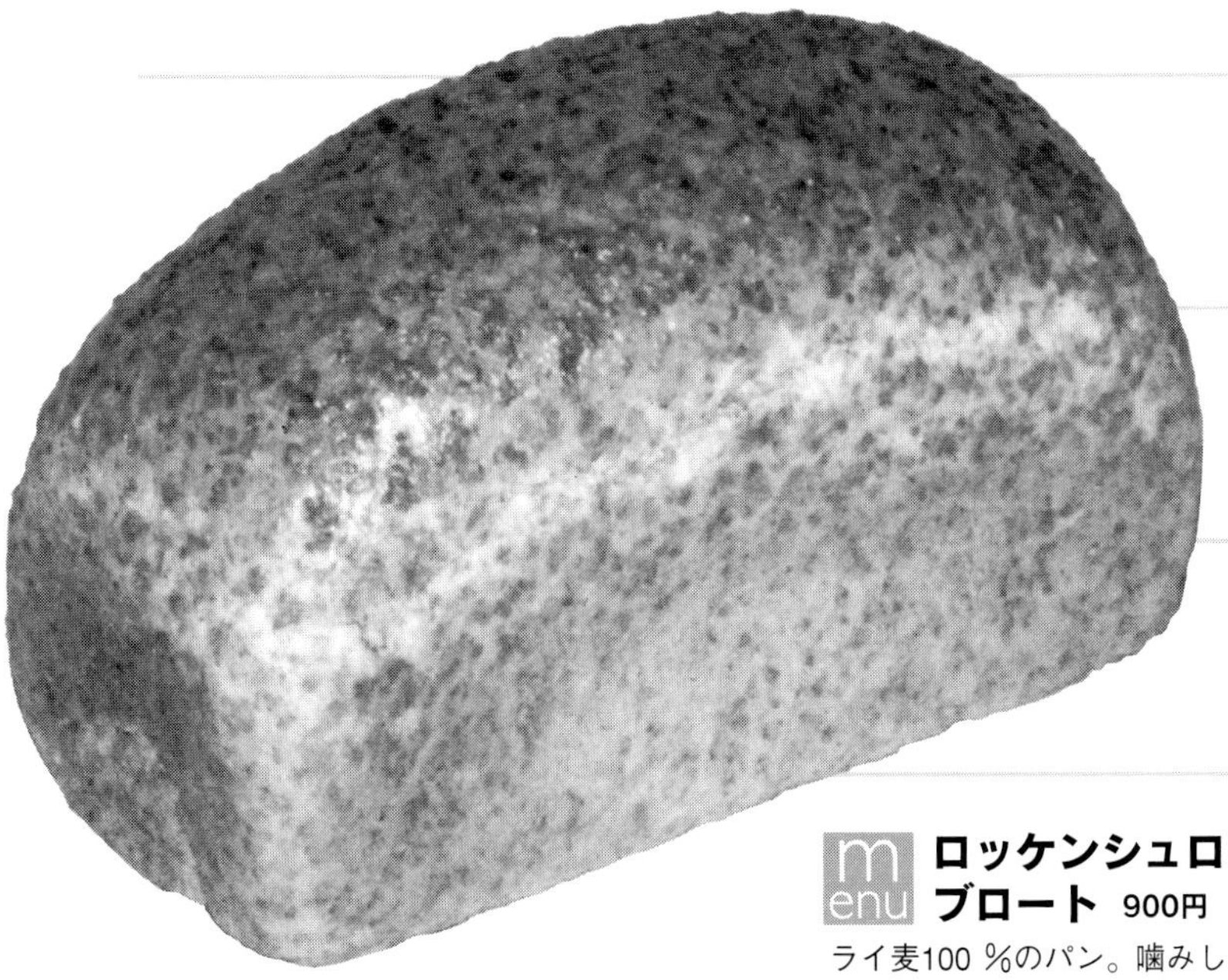

menu ロッケンシュロットブロート 900円

ライ麦100％のパン。噛みしめて食べるのに最適で、ライ麦の豊かな味わいが魅力だ。

menu パン オー ノア エ レザン 600円

くるみとレーズン入りのパン。サワー種特有の酸味を、レーズンの甘みとくるみの香ばしい風味がやわらげている。

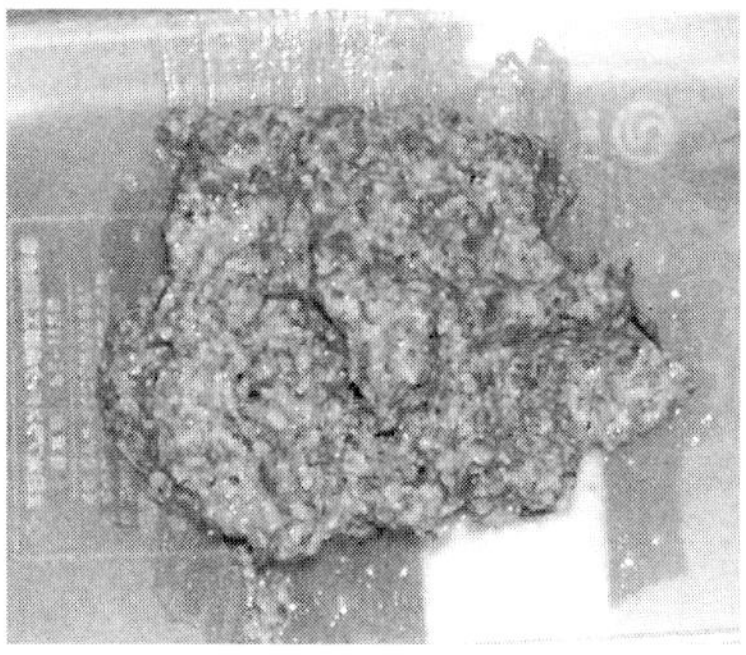

ライ麦から作った自家製のサワー種。何年も継いだ中種（写真）を仕込んで、約10種類の天然酵母パンづくりに利用している。

自家製のサワー種とライ麦を100％使って仕込む。ライ麦の比率が高いと発酵力が弱まるので、サワー種は十分に発酵させてから使う。

発酵力、グルテン質が弱いことから、扱いが難しいライ麦。『ベッカー』ではこのライ麦からサワー種を作り、独特のうまみがあって保存がきくパンを作り上げて提供し、評判店となっている。

同店では約16年前からオリジナルのライ麦サワー種のパンを作っている。

そもそもライ麦自体は、発酵力、グルテン質がともに弱い。そのためパンの製造過程でライ麦の比率が高まると、発酵力が弱まってしまう。そこで同店では、3回発酵を繰り返してサワー種を作り、種そのものを強化している。そしてサワー種は、使った分だけを継ぎ足して定量に増やすことで、何年も同じ種を継いで使っているのだ。

こうして作ったライ麦サワー種は、「ロッケンシュロットブロート」など約10種類のパンに使っている。どのパンも酸味に特徴があり、できあがりもずっしりと重い。その風味・食感は、噛みしめて食べる本格派のドイツパンそのものとあって、ドイツ大使館などの政府機関にも納入しているほどだ。

さらにサワー種のパンは、時間がたってからも味が変わらず、日持ちがする点が特徴。そのため同店では宅配にも応じている。

反面、サンドウィッチや「たまごパン」「シナモン」などポピュラーなパンも用意し、地域に密着している。

中屋パン

愛知・名古屋市

酒種を利用した「寒冷法」で作る独自の菓子パンに人気が集中！

昭和12年開店の老舗だが、約16年前からオリエンタル酵母の「ジャップル」という酒種を使って、独自の商品開発を手がけている。酒種は、まず湯にひと晩漬けて冷凍保存する。これを「寒冷法」という。翌日、砂糖、ミルク、卵を加えた全粒粉に混ぜ合わせて中種とし、2時間ほど置いた後、焼成の工程に移る。ポイントは「寒冷法」で、これにより発酵を調整。また酒種は酸味が強いので、砂糖、ミルク、卵を加えて生地全体の味のバランスをとる。さらに、酒種のみでは酵母の品質が安定しないため一般的にイーストやホップ種と併用するケースが多いのだが、同店でも1％のイーストを加えているという。こうしてできた生地で作る菓子パンには独特の風味があり、「他では食べられない味」と地元客に人気だ。

愛知県名古屋市千種区今池1-9-16
tel. 052（731）7945
営業：10時〜20時30分
休日：土・日・祭（月・金の祭日は営業）

menu **アンドーナツ**
100円
あんパンを揚げたポピュラーな菓子パンだが、独特の生地の風味が他店との差別化に。

menu **レモンパン**
100円
オリエンタル酵母の「ジャップル」という酒種で発酵させたパン。酒種ならではの酸味が、レモンを使った甘い菓子パンに合う。

紀ノ国屋インターナショナル

東京・青山

ホップ種の英国パンを看板に、7種の天然酵母のパンを提供！

都内の工場で一括製造・管理している自家製天然酵母を使ったパンを提供。天然酵母は現在、ホップ種、ライサワー種、サンフランシスコサワードゥー種、フィンランドサワー種、酒種などを作っており、担当者が専門に徹底管理している。これらを使ったパンの中でも、ホップ種を使ったイギリスパンは同店の看板商品。昭和34年の開発以来、同店のベストセラーをキープしており、今や『紀ノ国屋』といえばイギリスパンといわれるほどだ。また、油をまったく使用していないことも同店の大きな特徴である。

東京都港区北青山3-11-7
tel. 03（3409）1231
営業：9時30分〜20時
休日：無休

menu **イギリスパン**
450円
ホップ種を使用。ホップ種は元種を起こすのに1ヶ月もかかる。また発酵にも6時間かけて作っている。

menu **サンフランシスコサワー** **300円**
小麦粉と水だけを原料とするサンフランシスコサワードゥー種で作る。温度管理に留意し、長時間発酵で酸味を高める。

menu **バウアンブロート**
400円
ライ麦で起こしたライサワー種を使ったパン。ライサワー種の製法は、ドイツに社員を派遣して研究したという。

天然酵母の研究

市販されているイーストよりも扱い方が難しい天然酵母を上手く使っておいしい天然酵母パンを作るには、まず酵母についての知識をしっかり持つことが大切。ここでは天然酵母の種類と特徴、発酵法、上手な使い方までを解説する。

CONTENTS

基礎知識と使い方

扱いやすいイーストと奥深い風味の天然酵母

健康志向の近年、注目されるようになってきた天然酵母パン。ここではこの天然酵母とはどういうものかを、まず解説していこう。

パンで使われる天然酵母は、主に穀物や果実、そして植物の花や葉などを原料に、自然発生させた酵母のこと。酵母とは微生物のことで、原料に自然に付着している微生物を培養し、パンづくりに利用する。

自然に付着している微生物を使うため、別名「野生酵母」と呼ばれたり、酢酸菌・乳酸菌といった細菌、麹カビやその他の微生物も混じり合っているので、「複合酵母」とも呼ばれる。こうした菌類が発酵時に有機酸を作り出すことから、パンに独特の酸味やコク、深い風味がプラスされる。これが天然酵母パンの特徴である。

だが逆に、天然酵母は発酵に時間と手間がかかるうえ、発酵状態が安定しない。さらに、原料の性質や酵母を培養する場所など、ちょっとした条件の変化によって酵母の生育状態のバランスが崩れるため、できあがったパンの味にムラもできやすい。天然酵母のパンが、種作りから保存、発酵まで細心の注意を払う必要があるとされる所以である。こうしたことのため、大量生産では使いにくい。

それでも今日、天然酵母への関心が高まっているのは、培養過程で一切の添加物を加えないという安心感と、酵母の種類によって、パンに独特の風味が生まれるからなのである。

一方、市販の生イーストやドライイーストなどのパン酵母は、パンの発酵に適した酵母を工業的に選択し、培養したもの。天然酵母と違い、特定の酵母だけが含まれるので、「単一酵母」と呼ばれる。ちなみに、本来「イースト」とは酵母全体のことを指すのだが、日本で「イースト」というと、パンづくり用に工業的に培養された酵母のことを指す場合が多い。

『Levain』の「317」。レーズン種と無農薬小麦、塩で作るカンパーニュ。全粒粉25%入り。

果実、穀類などが、天然酵母の主原料に

「複合酵母」である天然酵母は、複数の酵母菌の組み合わせによって多くの個性が生み出せる。酵母を培養する原料となる培地も様々で、何を使うかによってもでき上がりのパンの風味や質感がまったく違うものにできる。

天然酵母の培地として使われるのは、酵母の栄養となる糖質が多く含まれる果物、穀類、野菜など。例えばブドウ、リンゴ、小麦、じゃが芋などだ。

世界各国では様々な天然酵母が伝統的に使われており、国ごとの特徴が見られる。

例えばドイツやスイスで多く使われているのが、ライ麦や小麦を培地としたサワー種。ヨーロッパでは伝統のある天然酵母として、古くから親しまれている。この酵母を使うと、酸味が強いパンが出来上がる。

中国では、パン種ではないが、饅頭を作る時に饅頭種が使われる。酒饅頭から生まれた日本の酒種も、この饅頭種の一種であると思われる。

珍しいところでは、カラマツなどの落葉松の葉にとりつくドロジー種がある。主にロシアで古くからパン作りに利用されてきた。寒い国ならではの独特の酵母といえる。

それらの中で主なものは果実種と、サワー種や饅頭種を含む穀物種だ。以下でそれぞれの特徴を簡単に見ていこう。

生種の素材	酵母の名称	特徴
果実	果実種	新鮮な果物の表皮に自然に付着している酵母を利用したもの。ほのかな酸味とコクのある風味を作り出す。
穀物	ホップ種	受粉する前のホップの花を使う。実際はビール酵母を利用するケースが多い。じゃが芋と相性がよく、パンがよく膨らむ。また、油脂や砂糖の少ない生地に利用すると、より独特の風味が活きる。
	サワー種	ライ麦粉に水などを加えてよくこね、粉に付着したり大気中に含まれている酵母、麹菌、乳酸菌、酢酸菌を培養したもの。独特の熟成された香りと酸味があり、風味が変わりにくい。
	酒種	酒酵母の働きによって、甘酒のような甘い香りがするパンが出来上がる。発酵力が弱いのが欠点。

『花小金井丸十製パン』の「天然酵母角食」。無農薬の北海道産全粒粉と、沖縄の塩を使用。

『ヒルサイドパントリー代官山』ではホシノ天然酵母を使用。香りにクセがなく、バターは通常の半分で済むという。

●果実種

果実種は、空気中に浮遊する微生物が、自然に果物やドライフルーツの表皮に付着したものを利用して作られる。

例えば、通常のブドウ一粒では、2000〜4000万個の酵母が付いている。この中で、製パンづくりに適した酵母は、全体の15%くらいしかない。残りの85%のうち50%近くは人間にとって無益・無害なレモンの形をした酵母で、30%強が酸を出したりする酵母である。

酵母が付着した果物は、一定の温度に保っておくと、どんどん発酵が進む。この時温度が高すぎると、パン作りに適さない他の雑菌も付着したまま発酵が進むことになる。

そこで、ブドウをつぶして果汁と酵母が混ぜ合わさった状態にし、25℃くらいに保っておく。こうすると、パン作りに適さない酵母が死滅し、初めは15%しかなかった製パン向きの酵母が、3日ほどで99%を占めるまでに増殖するようになる。この作業が培養である。

パン作りに適する酵母は、生のブドウの果汁ばかりでなく、レーズンでも作ることができる。作り方は、レーズンを果汁の中に入れ、蜂蜜などの糖類を足して培養するというもの。旬のあるブドウより、干したレーズンなら一年中安定して手に入れることができ、季節に関係なく安定して酵母を作ることができる。

また、リンゴを使った天然酵母もよく使われる。ブドウやリンゴに限らず、新鮮な果物を使うと、活発な酵母ができる。またドライフルーツではレーズンやイチジクがよく使われる。糖分は酵母の栄養源であるため、糖分が多い果物は酵母の増殖に非常によい、理想的な原料といえるものだ。

●穀物種

穀物種の系統として代表的な天然酵母に、ホップ種がある。

ホップ種は、ホップの花が受粉する前に取った天然酵母を利用したもの。ビール酵母から種を取るケースが多い。このため、市販のビールを用いると手軽なのだが、日本の生ビールは最終工程でホップ酵母を取り除いたりするので、ポップ種づくりには向かない。オランダやベルギーなどから輸入された、酵母入りのビールを使う方が、元気なホップ種を作ることができる。

ビール酵母は、ホップの苦い汁の中で発酵が進むが、他の雑菌はホップの苦い汁の中では生きられない。そのため、パン作りに不向きの菌が増えないという利点がある。またイーストを併用する場合でも、ホップ種だとイースト独特の臭みを大幅に減らすことができる。

またホップ種は、じゃが芋との相性がよい。芋や穀物の炭水化物をよく分解するので、パンがよく膨らむ。最近では日本の大手パンメーカーも、食パンにこのホップ種を使っているところもある。ちなみにこのホップ種は、油脂や砂糖の多い生地よりも、少ない生地の方が、味わい、香りなどがよく出るといわれており、このためリーンなパンに用いられることが多い。

このほか、前述のようにドイツやスイスで一般的な、小麦やライ麦が原料のサワー種もよく使われる。これは水や副原料を加えた粉に付着する菌を利用したものだ。

サワー種は大きく分けると、ライ麦だけで作った元種にライ麦粉を足していくライサワー種と、元種に小麦粉を足していくホワイトサワー種の2種類がある。どちらも独特の熟成された香りと味わいが特徴で、酸味が強い。

酒種の酵母も、米を使うことから穀物種の一種に入る。酒種は麹に米、米飯、水を加えて酵母を増殖させたもので、酒の芳香が強く出る性質がある。この酵母は、米が育つところであれば、自然に米に付着する。例えば夏場の暑い時に米を水で研いでそのまま放置しておくと、ブクブクと泡をふいた状態になる。その酵母が、主として酒種である。

以上のほか、天然酵母を比較的簡単に使えるようにした市販の粉末酵母も登場している。

上手な発酵法

天然酵母の発酵の仕組と、イーストとの違い

いうまでもなく、天然酵母パンを作る時、最も大きな比重を占めるのが、「酵母による発酵」というプロセスである。

これがイーストを使う場合は、発酵力が強く、安定しているため、パン作りにおける最大の関心事は「発酵が終了したかどうか」にあるのだが、天然酵母酵母の場合は「今、どのような発酵状況にあるのか」といったプロセスそのものへの関心が高くなるのは、多くの人たちの共通項といっていいだろう。パンを通じて、酵母というまさに「生き物」と対峙している感覚がより強くなるのではないだろうか。また、それが天然酵母を使ったパン作りの楽しさの一つでもある。

その酵母は、微生物の働きでブドウ糖を分解し、アルコールと炭酸ガスを生じさせながら増殖する。

発酵してパンが膨らむのは、発酵の際に酵母が作りだした炭酸ガスによるものだ。こうしたことから考えると、無数にある酵母の中でもパン酵母の持つ特性は、炭酸ガスを多く――しかも比較的安定して高い能力で――発生させる性質を持つ酵母ということができる。

さらに、それらアルコールと炭酸ガスが結合することで、非常によい風味が生まれる。生成されるアルコールや炭酸ガスは酵母によって差があり、当然ながら、仕上がりのパンの風味も酵母の種類によって異なってくる。

元種づくりのコツは、温度と水分と糖類添加

前述の通り、パンづくりにおける発酵とは、酵母がブドウ糖を分解しながら増殖し、その結果として炭酸ガスとアルコールが作り出されるということ。ということは、使うパン用酵母は、その種類が何であれブドウ糖が分解できれば発酵はうまくいくということである。

したがってそのためには、酵母作りのまず最初に、酵母とブドウ糖を引き合わせなくてはならない。これが元種づくりである。この元種は、初種、液種などと呼ばれることもあるが、ここでは元種で統一する。

元種づくりの段階で酵母とブドウ糖が出会っても、そのまま酵母がブドウ糖を分解して増殖していかなければ、発酵は失敗である。そこで、酵母がブドウ糖と出会った時に十分に能力を発揮してブドウ糖を分解できるような環境づくりが必要になってくる。

そのポイントとなるのが、温度と水分である。酵母がもっとも活発になるのは、温度でいうと25～32度Cの間で、水分活性が0・87以上の時だ。

温度は、巻頭で紹介した繁盛店の例を見ても分かる通り、平均温度帯の27度C前後から30度Cの間で元種の発酵を行っている所が多い。人気店の例からも、こうした数値の信頼性は裏打ちできる。

なお、水分活性とは食品中に含まれる全水分のうち、微生物が利用できる水分が占める割合を数値化したものである。カビの例でわかるように、微生物は水分が多いところで活発になる。酵母もカビなどと同じ微生物だから、水分が多いところが好きなのだ。

不安定で弱い発酵力を、〝育てる〟感覚で高める

天然酵母は単一酵母（イースト）よりも発酵力が弱く、不安定である。このため、パン種として使えるようにするには、酵母自体を増やし、十分な活性力を持った強い菌作りをしなければならない。

このため、天然酵母を使ったパン作りには、イーストなどと比べると時間が非常に長くかかるのが一般的なのである。そしてその間も注意深く関心を払い、適度な温度と水分を保つようにすることも重要な点である。前述のように、酵母はどれをとっても個性があり、作るたびに出来不出来がある。このため常に活性の状態を見ながら温度管理や水分補給を心掛けることが必要だ。

最も容易な方法は、砂糖を補助的に加えることだ。前述のように、酵母はブドウ糖を栄養源として増殖し、活性化していく、そして砂糖の成分の99・9％はブドウ糖に分解されやすいショ糖であるからだ。

また、砂糖では最終的な風味やコクに強さが出ないと考える所では、蜂蜜を使う場合も多い。蜂蜜はブドウ糖と果糖が主成分であるため、砂糖のようにショ糖をブドウ糖に分解する段階がなく、酵母は直接そのまま栄養として利用することができる。さらに、蜂蜜の種類によって様々な風味があり、それを味の微妙な違いとして表現することもできるという利点もある。

しかし、元々の素材の味、つまり小麦粉やライ麦粉などの粉そのもののうまみを活かすのなら、酵母を加える前に、粉と水を練り合わせておく方法をとるとよい。小麦粉の中に自然に含まれる麹菌などに小麦粉のデンプンを分解させ、糖化させておくのである。糖化が十分であれば、それを栄養源として酵母は盛んに増殖することができる。

また果実種を作る場合も同様で、果実をよく潰し、表皮に付いた酵母と果実に含まれる果糖とを十分に馴染ませておくのがよいだろう。

元種を作る上で重要な「二つのポイント」とは

こうして作った元種に小麦粉や水分、塩分などを加えていきながら、少しずつ種を増やしていく。継ぎ足して発酵させた最初の種が1番種で、次から順次2番種、3番種と続いていく。

多くの場合は経験上から3～4番種あたりで、パンの発酵種として使うようにする場合がほとんどである。ただし「使えるようになる」には、次の2つの条件をクリアしていなければならない。

1つ目は、パン生地を膨らませるだけの発酵力がついたかどうかという点。2つ目は、人体に有害な微生物が死滅しているかどうかという点である。特に2つ目については、クリアされていないと、当たり前のことだが「食べ物」として提供できないからである。したがってこの項目については、厳重にチェックする必要がある。

天然酵母はカビなどと同じ微生物である酵母を培養して、パンの発酵に利用するものだ。微生物の中には人体に有害となるものも含まれているが、そうした微生物は、本来は何度も発酵を繰り返すことによって死滅していく場合が多い。しかし人の目に見えないだけに、安全であるか慎重に慎重を重ねてチェックする必要がある。

その方法としては、嗅覚と味覚でチェックする方法がある。鼻を近づけてみて、カビ臭かったり、腐敗臭があったり、ツンと刺すような強烈な刺激臭がある場合、少量を味わってみて吐き出したくなる味の場合は、雑菌が繁殖してしまっているので破棄するようにする。

初心者の人がチェックできる方法と目安とは

また、目で確認できて慣れない初心者にも有効な方法が、発酵の各段階でPH値を測定する作業である。PH値とは、水素イオン濃度を表す数値。PH7が中性で、7より大きければアルカリ性、小さければ酸性になる。パン生地に使う場合は、最終的に4.7以下になっていれば有害な微生物は死滅していると判断していい。ただ、発酵の各段階でも確認することをおすすめする。

各段階のPH値の目安は、レーズンを使った場合では、元種の発酵が終わった段階で3・93、1番種で4・66、3番種で4・53。レーズン以外のドライフルーツを使う場合も、この数値を目安にしながら、最終的に4・50前後になるようにするとよい。

ただしライ麦を使った場合のPH値は、これとかなり異なるので注意が必要だ。ライ麦の場合の目安は、元種で6・30、1番種で4・70、2番種で4・20、3番種で4・10、4番種で3・90。最終的に目指すPH値は、3・90～4・00である。これらの数値は左の表でまとめたので、チェックする際の参考にしていただきたい。

このPH値を測定する器具は比較的安価で購入できる。何より、自分の目で安全を確認できる点が安心だ。昨今のO―157を例にとっても分かるように、食品の衛生管理は季節に関係ないことが多い。安心できる食べ物として天然酵母パンを作る上からも、元種のチェックには十分注

発酵の各段階のPH値の目安

	レーズン種	ライ麦種
元種	3・93	6・30
1番種	4・66	4・70
2番種	4・56	4・20
3番種	4・53	4・10
4番種	—	3・90
最終（パン生地使用時）	4・50	3・90～4・00

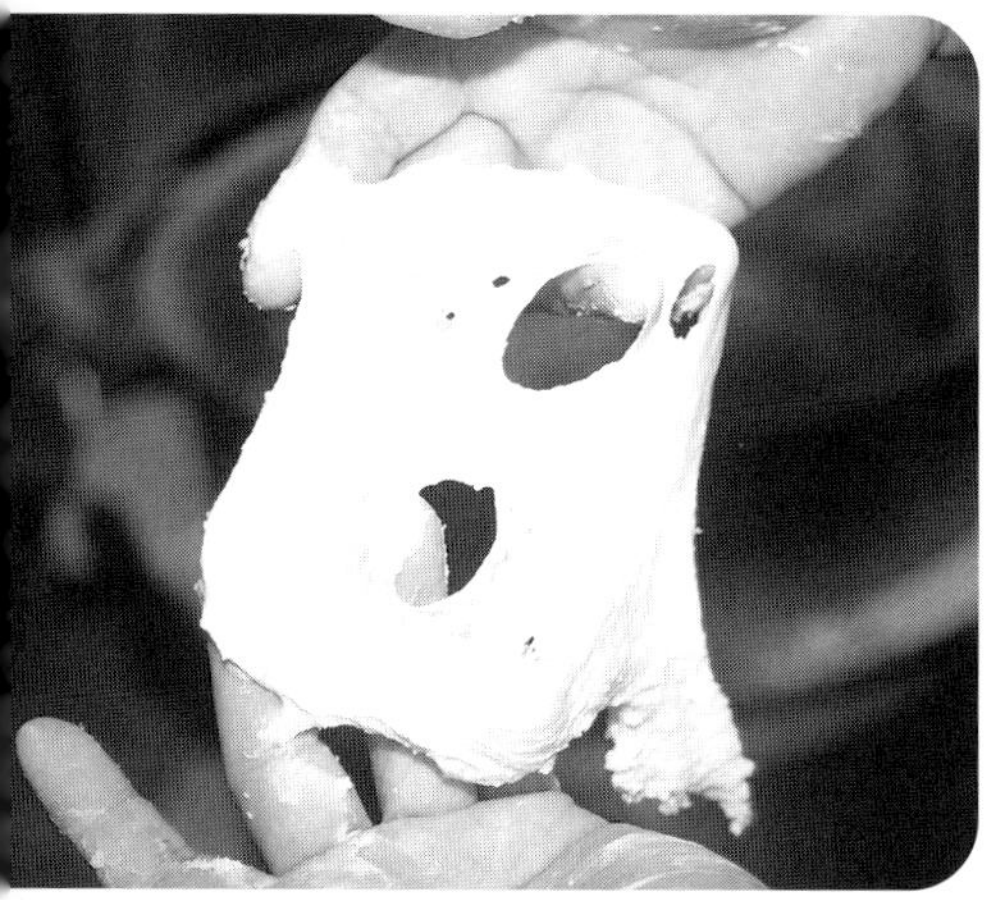

意したい。

その他、種づくり段階での注意点としては、室温で放置して発酵させる際には、容器にラップをかけて小さな穴を数カ所あけておくことが挙げられる。ラップをかけるのは、酵母自体の乾燥を防ぐため。また穴をあけるのは、酵母に酸素を与えるためである。

「種のかけ継ぎ」により良い種を継続して使う

天然酵母の種づくりには、手間と時間がかかる。それだけに、パンを焼くごとに種から作り直すよりは、良い種をできるだけ継続して使いたい。それがパンの味のバラツキを防ぐことにもつながる。

酵母は菌類の中でも比較的丈夫で、適した温度と水分を守ればどんどん増える。そこで、1度培養に成功した天然酵母の一部に、同種の原料（小麦粉、ライ麦粉など）と水を加え、適正な温度管理を行って再び増殖させる。これを繰り返せば、同一の種を使い続けることができるというわけだ。これを「種のかけ継ぎ」という。

サワー種や中国の「老麺（ラオミェン）」は、この方法で種をつなぎながら利用されている。

しかしそれでも時間が経つにつれて、酵母の活性力は弱まり、また改めて種を作らなければならなくなることもある。これを防ぐため、補助的に活性力の強い市販の酵母を併用したり、デンプンや糖などを加えて天然酵母の活性力を持続するなどの方法がとられる。どの段階で活性力が弱まるかは、酵母の種類や育成環境によって異なるので、経験的に判断するしかない。

また、微生物は等比級数的に増殖する。そのため増殖が進みすぎると栄養となる糖分を食べ尽くしてしまったり、酵母自身が作り出した有機酸などが原因になって死滅してしまうこともある。そこでこのような場合には、活性力を一時休眠させる方法をとる。

一つは、40度C以下でゆっくりと丁寧に乾燥させる方法。水分が失われると酵母は休眠し、保存がきく。

もう一つは、雑菌が混入しないよう密閉し、マイナス20度C以下で冷凍する方法である。

いずれもその過程で多少の酵母が死んでしまうが、改めて適度な温度と水分のもとに置けば、再び活性化を始める。冷凍したものが再び活性化するには時間がかかるが、冷凍している一定期間は保存することが可能になる。

以上のように、天然酵母の培養や発酵、そして扱い方は、非常に手間と時間のかかるものである。こうした作業を効率的に行い、確実性を高めるために、最近では「フェルメント」と呼ばれる天然酵母発酵機が開発されるようになり、パン店でも導入される店も増えてきている。

また酵母自体では、ホシノ天然酵母などに代表される市販の天然酵母は、天然酵母のよさを残しながら、一定条件を守れば発酵の失敗は少ない。初めて天然酵母のパン作りに挑戦する人には大変便利である。

パン作りのコツ

以上のように、発酵種が完成したら、粉などの材料と合わせてパン生地を作る。

天然酵母は、その時々の酵母自体の状態や、温度や湿度…などによって発酵力がまちまちになるため、生地が発酵したかどうかの見極めには、その都度注意が必要だ。本書の巻頭ページでも人気店や繁盛店の天然酵母パンの作り方を紹介しているが、その中に表記した発酵時間はあくまでも目安。実際に発酵がうまく完了したかどうかは、指穴テストによって確認する必要がある。

指穴テストとは、生地に人差し指を静かに押し当てて（生地と指に小麦粉を少々まぶす）、指の入り具合で発酵状態を判断するもの。指が抵抗なくすんなりと生地に沈むようであれば発酵完了。逆に、指に抵抗を感じるようであれば、まだ発酵は必要である。

また、天然酵母パンは、火の通りが悪いため、焼成の際にも注意が必要。オーブンによって違ってくるが、最初は２４０度Cの高温で10分間焼き、その後２２０度Cに温度を下げて、じっくり焼くとよい。

代表的な天然酵母の種類と発酵のコツ

❶果実種

●さわやかな果実の風味がプラス

新鮮な果実の表皮に自然に付着している酵母を利用したもの。代表的なものは、ブドウを使った天然酵母やリンゴを使った天然酵母。そのほかにもモモやイチゴなど、発酵させてワインを作ることのできる果実の酵母なら利用できる。

ブドウでいうと、傷のない健康的なもので1粒に2000〜4000万個、傷が付いた虫が食べたりして果汁で出て発酵が進んだ状態のものだと1億個の酵母が存在し、そのうちパンの発酵に適した酵母は約15%、つまり健康なもので1粒当たり300〜600万個、傷の付いたもので1500万個の酵母がある。

この酵母が果実の糖分をアルコールと炭酸ガスに分解し、ほのかな酸味とコクのある風味を作り出す。添加物を加えなくても、使用した果実独特の香りや味、色が残り、さわやかな個性のあるパンを作ることが可能だ。

難点は時間と手間がかかること。元種をかけ継ぎ、十分に培養してからパンの焼成に至るまで、1週間以上かかる。また、酵母の出来不出来のバラツキが大きく、パンの品質を安定させるのも難しい。

本来は新鮮な果実を使うと元気のよい酵母が培養できるが、通年では手に入りにくいものもある。そこで、レーズンやイチジクなどの乾燥果実を水に浸し、休眠している天然酵母に活性力を与えてから利用する方法が一般的である。

●レーズンを使った発酵法とは？

果実種の発酵法では、果実の持つ糖分で酵母がストレートに動き出せるよう、生の果実は皮ごと潰し、果汁で粉を練ることがコツだ。

またレーズンやイチジクなどの乾燥果実を使う際には、水に浸して柔らかくしたあとよく潰し、ブドウの糖分と天然酵母が含まれる抽出液を作る。以下、レーズンを使った方法を説明しよう。

水に浸して作ったブドウ抽出液に小麦粉を加えてこね、味噌くらいの固さにする。小麦粉1に対して抽出液0.7〜0.8の割合が目安。これを乾燥しないようぬれ布巾などで覆い、25〜30度Cで24時間発酵させる。これが元種である。この一部を取り出して適量の小麦粉と水を加えてよく練り、25〜30度Cで再び発酵させる。この過程を数回繰り返し、酵母を増殖させていく。

約5〜7日間で最初の種菌ができる。これを小麦粉に対して20〜25%加えてパン生地を作り、通常の方法で焼き上げる。

また、このパン生地の一部を取り出して上手にかけ継ぎ、種菌を作ることもできる。

❷サワー種

●独特の香りと酸味の秘密

前述の通りサワー種は、ライ麦粉に水などを加えてよくこね、粉に付着していたり大気中に含まれていたりしている酵母、麹菌、乳酸菌、酢酸菌などを培養したものだ。これらの作る有機酸や炭酸ガスが、有害な細菌の繁殖を防ぎ、有用な酵母だけを盛んに増殖させる。サワー種を使ったパンに独特の熟成された香りと酸味をもたらすのも、この有機酸や炭酸ガスだ。さらに有機酸は、パンの老化や風味の変化を防ぐ働きもある。

培養した元種に、ライ麦を加えてかけ継いだものがライサワー種である。また元種に小麦粉を加えてかけ継いでいくと、白っぽいホワイトサワー種ができる。ライサワー種はライ麦比率の高いパンに、ホワイトサワー種は小麦粉のパンに向く。このように作るパンによって、サワー種にかけ継ぐ小麦を種類を変えるようするとよい。

●サワー種の発酵のさせ方

ライ麦粉に同量の水を加えてこね、27度Cで24時間ねかせて発酵させて元種を作る。次に、この元種の一割程度を取り出してライ麦粉と水を同量ずつ加えてよく混ぜ、再び27度Cで24時間発酵させる。これを4回繰り返すと発酵種の完成。ライ麦粉はグルテン質が弱く膨らみにくいので、種の時点で十分に発酵させる必要がある。

❸酒種

●独特の甘い香りは日本人好み

酒種を使って発酵させたパンは、酒酵母の働きによって甘酒のような甘い香りがする。日本人の口に馴染みやすい風味で、菓子パンと相性がよい。特にあんパンによく用いられ、中でも銀座の『木村屋總本店』が考案した酒種あんパンは、その元祖として知られる。

ただ、酒種は発酵力が弱い。これだけではパンを膨らませるのが難しいので、イーストと併用することが多いのが実情だ。この時、イーストを加えすぎると酒酵母独特の香りや風味が損なわれる危険性があるので、注意が必要になる。香りを活かしたい場合は、種の発酵に十分時間をかけて、極力、酒種の酵母のみを使うようにしたい。

ちなみに、『木村屋總本店』が酒種あんパンを考案した際のヒントとなった「酒まんじゅう」は、小麦粉に麹だけを加えたもの。麹が小麦粉のデンプンを糖に変え、粉に含まれる酵母が発酵して膨らむ。この時加える麹は米麹を使うこと。豆麹や麦麹を加えても、酒種独特の香りが生まれない。

●清酒用・味噌用の米麹を使う

酒種は、主に麹菌と酒母（酒酵母）を発酵させて作る。麹菌の成育条件は、温度が20～30度C、水分活性が0.8以上と、酵母とあまり変わらない条件で発酵する。麹は、清酒用または味噌用の米麹を使う。

発酵法は、まず米を蒸して蒸し飯とし、そこに麹をまぶして発酵させ、さらにこれを別の蒸し飯に加える、というもの。麹菌の働きで米のデンプンが糖化され、それを栄養源に酒酵母が盛んに増殖して活性化するのだ。

❹ホップ種

●じゃが芋と併用すると膨らむ

ホップの花が受粉する前に、花に自然に付着している酵母を取り出し発酵させるもの。芋や穀物の炭水化物を分解する能力に優れた酵母で、中でもじゃが芋と一緒に使うと、パンがよく膨らむという性質を持っている。また、油脂や砂糖の少ないパン生地に使うと、独特の風味がより活きる。

●イーストの臭いを抑える効果も

ホップ種は、ビール醸造の際に使われるホップ（桑科のつる性多年草植物の受粉前の雌花）を使って発酵させて作るが、生の状態のホップは手に入りにくい。またビールを使う場合もあるが、国産ビールでは製造工程の最後に酵母を取り除いてある場合が多いので、ホップ種として使えるものが少ない。

そこで一般的には、乾燥ホップを使う。このホップの煮汁に小麦粉を混ぜ、約1ヶ月、27度Cくらいの温度を保って発酵させる。ホップの汁の中では雑菌が成育できないので、パンの発酵に適した酵母のみが増殖するという仕組みだ。

ただ、乾燥ホップは生のホップに比べて酵母の発酵力が弱いため、発酵を安定させるには、単独で用いるのではなく、イーストと併用する場合が多い。逆にイーストの臭みを抑えるために、ホップ種を補助的に使うケースもある。

ちなみに、現在のビール酵母は厳密には工業的に選別されたもので、ホップ種の酵母とは異なる。

❺その他

パンの発酵に比較的多く用いられる酵母は前述の通りだが、それ以外にも、世界各地では独特の酵母が用いられている。

例えば、ドロジー種がその一つ。これはロシアで使われている酵母で、落葉松に付着する酵母を培養したものである。

また、パンではないが、中国では饅頭の生地の発酵に使われる酵母として饅頭種がある。

さらに、天然酵母とは少し異なるが、ヨーグルト菌から作るヨーグルト種を、パンづくりに使っている所もある。

おいしいパン作りには、どんな小麦粉が必要か。

小麦粉の最新知識

健康や環境問題への関心から、安全な食品を求める傾向が強い近年。パンの基本食材の小麦粉の質にも、関心が高まっている。パンの風味や食感の核となる小麦粉の知識を深めて、パン作りに活かそう。

国産小麦粉

安全性の問題や粉自体の風味から、あらためて評判・注目されるパン素材に！

国産小麦と輸入品の違いはタンパク質含有量にある！

日本では江戸時代頃からまんじゅうやそうめんなどに加工し、主食の米を補う形で食されてきた小麦粉。明治中期頃になって、パンの広がりとともに小麦粉の需要が増えると、小麦は国内生産だけでは追いつかなくなり、アメリカから輸入されるようになる。その状況は戦後のパンの需要の増加とともに加速し、製菓製パン業界は、政府が輸入するアメリカ、カナダ、オーストラリアからの「輸入小麦」を主に材料として使ってきた。ちなみに国産小麦を製粉したものは「うどん粉」、輸入小麦を製粉したものは「メリケン粉」とも呼ばれてきた。

このうどん粉とメリケン粉の大きな違いは、小麦粉に含まれるグルテンの量にある。小麦粉に水を加えてこねると、小麦粉に含まれるグルテニンとグリアジンの2種類のタンパク質が水を吸収して結びつき、弾力のある固まりになる。これがグルテンだ。したがって、グルテンの量はタンパク質の量に比例する。

グルテンには伸展性があり、この性質でパン生地内にできたグルテンが次第に薄い膜になり、気泡を包み込みながら網目のような繊維状になる。グルテン量が多いほど伸びがよいので、膜は薄く強い。そのため、強い力で長時間こねる必要がある。

グルテン量が多い小麦粉はパンをふっくらと仕上げる

ではこのグルテンは、パンを作る過程の中でどのような働きをするのだろうか。

酵母が発酵して出した炭酸ガスとアルコールは、グルテンとデンプンでできている生地を押し広げ、膨らませる。この時、グルテン構造が十分に強くないと、発酵とともに大きくなる気泡のために膜は簡単に破れてしまう。逆に、強力なグルテンを作ることができるタンパク質含有量が多い小麦粉を使えば、細かい気泡を薄い膜で包んだ、ふっくらとしたパンに仕上がる。

また、タンパク質含有量が多い小麦粉を使った生地にオーブンの熱が加わると、気泡が膨張してよく伸びたパンになる。グルテンの網目状組織は熱で固くなり、パンにしっかりした骨組みができる。この骨組みの役割を果たすのは、グルテン含有量＝タンパク質含有量が多い小麦粉なのである。うどん粉とメリケン粉では、後者の方がグルテンが多い。明治中期以降日本のパンにメリケン粉が多く使われたのは、小麦の生産量の問題だけでなく、特に日本人がふんわり膨らんだパンを好んできたことも背景にあるといえよう。

強力粉・準強力粉・中力粉薄力粉のグルテン量の違い

一方で小麦粉は国産品・輸入品に限らず、このグルテン量によって「強力粉」「準強力粉」「中力粉」「薄力粉」のタイプに分けられる。グルテン量につながるそれぞれのタンパク質含有量は表1の通りで、強力粉がもっともグルテンが多く、薄力粉がもっとも少ないことがわかる。ちなみに表1内の「等級」とは、小麦粉の灰分量を基準にしたもので、その量が少ないものが高品質である「特等」に、逆に多いものは「三等」にランク付けされる。

小麦粉のグルテンを測定するには、少量の小麦粉をボウルなどに取り、粉量の約60％の水を加え、へらなどでよくこねて生地を作り、団子状に丸め、水の中に数分間放置するとよ

●表1 小麦粉タイプ別等級別たんぱく質含有量

等級／タイプ	等級別たんぱく質含有量(%)				
	特等粉	1等粉	2等粉	3等粉	4等粉
強力粉	11.7	12.0	12.0	14.5	—
準強力粉	—	11.5	12.0	13.5	—
中力粉	—	8.0	9.5	11.0	—
薄力粉	6.5	7.0	8.5	9.5	—

※「小麦粉の話」製粉振興会 P77より

●表2 小麦粉の種類と用途

	薄力粉	中力粉	強力粉	デュラムセモリナ
たんぱく質の含有量	6～9%	9～11%	11～13%	11～14%
グルテンの性質	弱い ◀ 強く、よく伸びる			非常に強いが伸びがない
こね方	あまりこねない	こねる	よくこねる	真空中でこねる
主な用途	カステラ ケーキ 和菓子 ビスケット 天ぷら	即席めん うどん 中華めん ビスケット 和菓子	食パン 菓子パン フランスパン パン粉 中華めん	マカロニ スパゲッティ

※「小麦粉の話」製粉振興会 P103より

●表3 小麦粉タイプ別等級別用途一覧表（一例）

タイプ／等級	強力粉	準強力粉	中力粉	薄力粉	デュラム製品	
特等粉	高級食パン 高級ハードロール	高級ロールパン	フランスパン	カステラ ケーキ 天ぷら粉	セモリナ	高級マカロニ
1等粉	高級食パン	高級菓子パン 高級中華めん 一般パン	高級めん そうめん 冷　麦	一般ケーキ クッキー ソフトビスケット まんじゅう	グラニュラー	マカロニ スパゲッティ
2等粉	食パン	菓子パン 中華めん （生うどん）	うどん （中華めん） クラッカー	一般菓子 ハードビスケット	デュラム粉	一般パスタ類
3等粉	生　麩 焼　麩	焼　麩 かりんとう	かりんとう	駄菓子 製　糊		
末　粉	接合剤配合、工業用					

※「小麦粉の話」製粉振興会 P76より

い。その後、しばらく指先でもみながらデンプンを洗い出す。この時に残ったチューインガム状の軟らかい固まりが、グルテンそのものだ。ここで取り出せるウエットグルテン（湿麩）量が粉量の40％前後のものが強力粉、35％前後が準強力粉、25％前後が中力粉、20％前後が薄力粉というから、粉によってグルテン量の差は大きい。また、これら4つのタイプの小麦粉は粒子の細かさもかなり異なり、それは指先で感じることもできる。触ってみると強力粉がざらざらとした粗い感じであるのに対し、薄力粉は非常になめらかですべすべした感じがする。そこで小麦粉の区別がつかなくなった時には、指先の感触で見分けることを覚えておくと便利である。

多様なパンの人気とともに国産小麦粉が注目の的に！

日本で販売されている強力粉の生産地は、アメリカやカナダである。

日本で穫れる小麦のほとんどはタンパク質含有量が少ないことから、これまでは主に中力粉として、うどんやそうめんなどの麺類に使われてきた。国産小麦粉が「うどん粉」といわれる理由はここにある。逆に、外国産小麦で作られる強力粉は、その性質からパン作りに利用されてきた。

しかし時代とともに、世界のパンやパン文化が紹介されるようになり、強力粉で作ったふっくらとしたパン以外のパンが、日本の消費者の間で次第に理解される土壌が生まれている。例えば、タンパク質含有量が少ない中力粉程度の粉で作られているフランスパンがレストランなどで人気を集め、現在では一般の家庭でも親しまれるようになった。また、海外旅行などで噛みごたえのあるドイツパンなどヨーロッパのパンの味を体験した人を中心に、より多様なパンが求められるようになった。

様々なタイプのパンやパン文化に目が向けられるのと同時に、うどん粉と呼ばれる国産小麦粉が、その安全性や粉の風味において逆に注目される素材となってきたのが、最近の傾向だ。さらにそれ以前から、日本の農家が品種改良を重ね、「農林61号」「ハルユタカ」などパンに適した国産小麦を開発しており、現在では、北海道を中心に「ハルユタカ」の栽培が行われている。

ハルユタカ

国産小麦の超人気・有名銘柄だが、現在の実際の生産量など、その動向は？

グルテン量が多く、安全。しかもパンにコクと香りが

これまでうどん粉として麺類に主に利用されてきた国産小麦粉だが、最近はパン作りの材料として注目されている。その最初のきっかけとなったのは、旧ソ連のチェルノブイリの原発事故だといわれている。これを機に消費者の目が食の安全性に向くようになり、健康志向の高まりもあって、本格的な生産が始まった。

またここ数年では、アレルギーの原因として、輸入小麦のポストハーベスト（収穫後にカビ防止や虫の駆除などの目的で使用される農薬）の危険性がマスコミや市民団体に指摘され、海外産の小麦の残留農薬を危惧する声が増加。そのため国産小麦が注目されるようになったのだ。

国産小麦の中でもっとも知名度の高いのが、北海道産小麦「ハルユタカ」だろう。国産小麦粉の中でもグルテン含有量が高く、パン用として十分に使用できるということから、1980年代後半から注目を集めた。当時ブームの家庭用パン焼き器で使える唯一の国内産小麦粉だったことも、一般消費者にまで一気にその名が知られるようになった要因だ。「ハ

ルユタカ」は安全な食品という点に加えて、パンにコクと香りを加えるという点でも評価が高い。パンが固くなるというイメージもあるが、むしろ噛むごとに小麦の風味や甘みが楽しめるという魅力もある。そのため自店のパン作りに利用しているパン店も少なくない。

ただし、一般の輸入小麦と違って、工程には多少の注意が必要だ。特に大事なのはミキシングと水分量。「ハルユタカ」を代表とする国産小麦粉は、輸入の強力粉よりも吸水力が弱いため、少し水分を少なめにしないとコシがなくなってしまう。また、ミキシング時間が長いと生地が切れてしまうので、ミキシング時間は短めにしなくてはならない。

育てにくい「ハルユタカ」の代わりに台頭してきたのは?

この「ハルユタカ」は、丈が高く倒れやすいなどの理由で、農家にとっては育てにくい小麦なのだという。そのため、生産地である北海道でも年間生産量は増えていない。

水田裏作麦と畑麦が混在する国産小麦は、昭和40年代頃まで続いた麦作衰退を受け、一時関係者も〝安楽死〟を予測したほどだった。しかし、国際的な穀物需給の逼迫などを受けて政府が講じた麦作振興対策や、稲作からの転作奨励などを受けて、ここ数年は全生産量の60%を占める北海道産を中心に、国産小麦が日本の小麦需要の10%程度をまかなう状況にまで変わってきた。

だが、その内訳に目を向けてみると、要望が多い「ハルユタカ」の生産は一向に増えていない。その代わりに北海道で一番収量が多い銘柄に躍り出たのが、「ホクシンコムギ」だ。この「ホクシンコムギ」は、麺類に適し「チホクコムギ」の親として、3年ほど前に開発されたもの。

加工業者や消費者にはほとんどなじみがない銘柄なのだが、一反あたりの収量が多く、病気に強いという特性を持つ。さらに、政府買い入れ価格における銘柄区分が、当初から最上級の「I」にランクされたため、北海道の農家がこぞって作付けを始めたというわけである。

ところが製粉会社からみると新品種の「ホクシンコムギ」は、粉にした時の性質にバラツキが大きく、各社のテスト結果も今のところバラバラなのだという。圃場によってタンパク質含有量にバラツキがあり、製粉会社では品質のコントロールを苦慮する場面もあるようだ。が、現在は、「チホクコムギ」に比べるとタンパク質含有量が高め、という評価に落ち着きつつある。

全粒粉

栄養価の高さで、現在人気上昇中。ただし、発酵・風味などに関して難点あり

表皮には豊富なミネラル、胚芽には多種類の栄養素が

全粒粉とは、小麦の粒を丸ごと粉にしたもの。小麦の栄養価をすべて含んでいるために、最近の消費者の健康志向を背景に、これを使った全粒粉パンの人気が高まっている。

一般の小麦粉に比べて全粒粉の栄養価が高いのは、小麦は粒の部分によって含まれる成分が違うためである。

小麦は表皮、胚乳、胚芽の3つの部分に分かれている。そのうち表皮は一番外側にある固い外殻で、小麦の粒の約15%を占めている。一般的にこの表皮は「ふすま」と呼ばれていて、家畜の飼料にも使われているのだが、実は繊維質をはじめ、カリウム、カルシウム、リン、マグネシウムなどのミネラル分がたっぷり含まれている部分。ただ、ボソボソしておいしくないということで、一般の小麦粉では取り除かれてしまっているのが現状だ。

この表皮の内側にあって、小麦の粒の約83%を占めているのが胚乳である。糖分に変わるデンプン質と、パンに欠かせないグルテンになるタンパク質が主な成分で、これが一般に使われている白い小麦粉の原料となる。

残りの2%が胚芽と呼ばれる部分だ。小麦の芽にあたり、ビタミンB1、ビタミンEをはじめ、ミネラル、タンパク質、脂質などの栄養素が豊富に含まれている。この胚芽は製粉工程で分離されてしまうが、再びパン生地に混ぜ込めば、栄養価の高い「胚芽ブレッド」になる。

このように、胚乳のほか、様々な栄養分に富んだ表皮や胚芽まで含んでいるものが全粒粉。栄養価が高い理由はここにある。

ふっくらと仕上げるために中種法でゆっくり発酵を!

栄養価の高い全粒粉だが、胚乳だけの小麦粉に比べると、膨らみにくいという欠点がある。なぜなら、パンをふっくらとさせるグルテンの役割が、表皮などの固い組織で分断されてしまうからだ。

パンが膨らむ過程は、まず、パン生地に含まれる糖分が酵母によって炭酸ガスとアルコールに分解される

ところから始まる。この炭酸ガスをグルテンの薄い膜が包み込むことで、膨らんでいく。つまりグルテンが強ければ、それだけきめ細かな膜が形成されるというわけである。

しかし、このグルテンが表皮や胚芽で分断されると、そこから炭酸ガスが逃げていってしまう。一般的に全粒粉のパンがどっしりと重いパンに仕上がるのは、このためなのだ。

特にストレート法で発酵させた全粒粉パンは重く、ボソボソした食感になりやすい。グルテン含有量の少なめの小麦粉と同様に、中種法などでゆっくり発酵させることが必要。そうするとふっくらと仕上がる。

また、食べやすくするために、全粒粉と胚乳だけの小麦粉をブレンドして使うのもよいだろう。全粒粉の割合が50％以下なら、通常の食パンを食べ慣れた人にも、それほど違和感なく受け入れられるようである。

ライ麦粉

ドイツパン人気で、注目の的。独特の風味と酸味、そしてヘルシー感が魅力！

混ぜる小麦粉の比率により独特の食感と酸味も変わる

ドイツやロシアなど、寒さの厳しい国で多く生産されているライ麦を粉にしたものがライ麦粉だ。最近では、ドイツパンの専門店だけでなく、スーパーマーケットやコンビニエンスストアでも販売されるほどの人気パンになってきている。

このライ麦の特徴は、グルテンができないこと。タンパク質は含まれているものの小麦とは性質が異なり、グルテンのような粘りを出すことができない。だからライ麦粉100％だと、膨らみのないどっしりしたパンになってしまう。

しかも、ライ麦粉に多く含まれる食物繊維は水分を吸収しやすく、そのためにミキシング中に生地がベトベトになりやすい。これもライ麦パンが重くなる要因になっている。

また、独特の酸味もライ麦パンの大きな特徴。この酸味を作り出すのがサワー種で、ライ麦粉の割合が多くなるほどサワー種を多く使うため、その分酸味も増すことになる。

ライ麦パンといえばドイツが本場。しかしそのドイツでも、地域によってライ麦パンの味や食感は様々。ライ麦粉と小麦粉の割合、粉の挽き具合、製法、窯の違いなどによって、数百種類のバリエーションがあるともいわれている。

とはいうものの、一般的な傾向として、北に行くほどライ麦粉の分量が増え、反対に南に行くほど小麦粉の分量が増えるということはいえる。

例えば、ベルリンより北のシュレーゼン地方ではライ麦粉100％の黒パンが主流。ベルリン周辺はライ麦粉70％、小麦粉30％の混合パンが多い。また南部のシュバルツバルトに行くと、ベルリンとは逆の、小麦粉70％、ライ麦粉30％の混合パンがよく食べられている。

こうした違いは、ドイツの気候から生まれたもの。ドイツでは厳しい自然の中でも確実な収穫を得られるように、小麦の種と寒さに強いライ麦の種を一緒に混ぜて畑に蒔いていたという。気候が温暖な南部では小麦の割合を多くし、冬の寒さが厳しい北部ではライ麦の割合が多くなった。それらを一緒に収穫して製粉し、パンを作ったために、地方によってライ麦粉と小麦粉の割合が異なる、特色のあるパンが誕生したといわれている。ちなみに、北部のライ麦粉100％の黒パンは、皮は固く、中をしっとりさせるために、型に入れて焼き上げているという。

有機栽培小麦粉

ドイツにおける栽培・製粉方法を参考にして、より具体的な「安全」性を探る

「シュタイナー農法」による無農薬・有機・輪作の小麦

消費者の健康志向が高まる中、日本では様々な農作物に「有機栽培」の名を冠した商品が人気を博している。

「有機」の表示についてはこれまで、ガイドラインはあったものの罰則がなく、消費者を混乱させる商品も流通していた。しかし'01年4月、これまでのガイドラインに様々な条件を加えた改正ＪＡＳ（日本農林規格）法が施行され、日本でもやっと「本物の」有機栽培農作物が出回るようになった。

そんな日本に比べると、ドイツは先進国だ。ドイツでは生産者、加工者、販売者と契約を結んだデメター（古代ギリシャで土壌の肥沃を司った女神の名）連盟が、有機栽培小麦に一定の厳しい基準を設け、それを満たした農作物とその加工品にのみ、デメターという商標を与えている。

その基準によると、小麦粉でデメターを獲得するためには、まず小麦を栽培する土壌から作っていくことが必要となる。土壌に有害物質が含まれていると、小麦がそれを吸収する可能性もあるからだ。

土壌作りのためには、最初に牛の糞など自然の肥料に、やはり自然の薬草や鉱石を調合して肥料として使う。しかも、小麦やライ麦の栽培のあとには牛などの牧畜を行う、という輪作によって、土壌の力を回復させる方法がとられている。もちろん農薬は一切使用しない。

この「無農薬・有機・輪作」はシュタイナー農法と呼ばれ、この農法を6年以上続けた畑で収穫された小麦やライ麦で、残留物質が基準値以下であるものについてのみ、デメターの商標が与えられる。有機栽培についての厳しい基準であるが、それだけに安心して食べられる食品という信頼性が高い。

果皮の残留物質を除去する「シュタインメッツ製粉法」

さらに、小麦の育成の現場だけでなく製粉過程においても、特別な製粉法が確立されている。これはシュタインメッツ製粉法と呼ばれ、残留物質を除去するものだ。

小麦粉などの一般的な製粉方法は、まず表皮が付いたままの状態の小麦の粒を丸ごと挽くところから始まる。それからふるいにかけて、表皮から取れる「ふすま」と胚乳部分を分けていく。輸入小麦では、収穫後に使用する農薬、つまりポストハーベストが表皮の部分に付着している。それを丸ごと製粉してしまうと、製粉された白い小麦粉の中にも農薬が入ってしまう。そこでシュタインメッツ製粉法では、小麦やライ麦の表面にある果皮だけを取り除いてから、製粉作業を行う。

小麦などの表皮は、細かく分けると果皮・種皮の二重の構造になっており、表面の果皮は吸水性が高く、水分を与えるとふやけるのに対し、その内側にある種皮は耐水性で、果皮がふやけても種皮はまだ水を含んでいない状態になる。そういう状態で小麦同士をもみ合わせると、ふやけた果皮だけがはがれやすくなる。そこに空気を当てて果皮をはぎ取り、種皮が残って付着している小麦粒を製粉するのが、シュタインメッツ製粉法なのだ。

表皮に含まれるビタミンやミネラルは、実際には種皮の部分に含まれているもので、取り除いた果皮の部分には、栄養価の高いものはほとんど含まれていない。つまりシュタインメッツ製粉法では、農薬のたまっ

小麦流通の最新事情

日本の主な輸入相手国は？　国産品の流通システムは？　現在の日本の流通環境から、天然酵母パンに適した小麦粉を知る。

民間業者輸入の小麦には、高い関税が課せられている

小麦は、世界で年間5億t以上生産され、そのうちの約1億tが輸出商品として取引されている。

日本は国際需給事情に対処する必要もあり、現在も政府主導で輸入が進められている。政府は輸入小麦を購入価格より高く販売し、国産小麦を購入価格より安く販売する「内外麦コストプール方式」をとり、価格調整を行っている。民間業者が小麦を輸入する場合には、1kg当たり55円の関税が課せられているため、結果として政府から買い入れる場合よりも割高になる。

現在、政府が輸入している主要国は、アメリカ、カナダ、オーストラリア（94ページ上表参照）。そのため、ヨーロピアンブレッドが主力の店を中心にフランスパン用の小麦粉の需要が増えても、フランス産小麦は民間貿易で輸入されているため、割高になる。

オーストラリア、アメリカなどで認定された有機栽培小麦を使ったパンや菓子なども市場に出回っているが、各社が日本で有機栽培小麦を製粉・販売するとなると、専用工場を作るなど厳しい認定基準を満たす必要があることもあって、製粉会社でも様子見という状況だ。

一方、国産小麦についてもその流通は独特だ。現在行われている「入札制度」は平成12年度産から始まったもの。各農協の前年の生産実績に応じて製粉会社が翌年産の入札を行うというシステムだが、ここでは、「よい生産物を買い付けたい」と考える製粉会社と、「全量買い上げが当然」とする生産者の意識のずれが生まれているという。

●表4 世界主要小麦一覧

国	種類	銘柄	用途
日本	①普通小麦	産地品種銘柄	普通粉用
	②強力小麦	品種銘柄	強力粉配合用、普通粉配合用
アメリカ	①硬質小麦―春播き	ダーク・ノーザン・スプリング	強力粉用、準強力粉配合用
		ハード・ホワイト	準強力粉配合用、普通粉配合用
	①硬質小麦―秋播き	ハード・レッド・ウインター	準強力粉用、強力粉配合用 準強力粉配合用、普通粉配合用
	②軟質小麦―赤粒	ソフト・レッド・ウインター	薄力粉配合用、普通粉配合用
	②軟質小麦―白粒	ソフト・ホワイト	薄力粉用、普通粉配合用
		ホワイト・クラブ	薄力粉用、普通粉配合用
		ウエスタン・ホワイト	薄力粉用、普通粉配合用
	③デュラム―白粒	（ハード）アンバー・デュラム	マカロニ用
カナダ	①硬質小麦―春播き	No.1 No.2 ウエスタン・レッド・スプリング	強力粉用、準強力粉配合用
		No.3 ウエスタン・レッド・スプリング	
	②デュラム―白粒	アンバー・デュラム	飼料用、普通粉配合用
			マカロニ用
	③飼育用小麦	No.1 No.2 ユーティリティ	普通粉配合用
		No.3 ユーティリティ	飼料用
オーストラリア	①硬質小麦	ハード	準強力粉用、普通粉配合用
		プライム・ハード	準強力粉用、強力粉配合用
	②軟質小麦	ソフト	普通粉用、薄力粉配合用
		スタンダード・ホワイト	普通粉用、薄力粉配合用
	③飼育小麦	ゼネラル・パーパス	飼料用、工業用、食用
		フィード	飼料用、工業用

※「小麦粉の話」製粉振興会 P25より

た栄養価のない果皮部分だけを除去して、栄養価だけをそのまま残した状態の小麦粉が出来上がるというわけである。

小麦でも米でも、栄養価の高いふすま部分を取り除いた精製度の高いエサを与えた動物ほど、死亡率も高いという実験結果もある。小麦やライ麦の栄養価を丸ごと残しながら残留物質をできるだけ取り除くシュタインメッツ製粉法は、健康志向がますます高まりを見せてい今日の日本で、今後さらに注目を集めていくことが考えられる。

安全だが、パンはぱさつく。油脂などを加えて工夫を！

一方で、このシュタインメッツ製粉法でできた小麦粉は、一般の小麦粉よりも扱い方に多少注意が必要である。シュタインメッツ法で製粉した小麦粉には種皮が含まれているので、グルテンの力が弱くなり、ふつうの小麦粉と同じように扱うと固くパサパサした食感のパンになりやすい。そこで、油脂を多めに加えたり、ミルク系のパンには練乳などを加えてしっとり感を出す店もあるようだ。

専用ミックス粉

こだわり素材や健康素材、少量包装など、時代に合わせた商品も続々登場中

用途別に上手に活用して、品揃えを求める客に対応

製粉メーカーが用途別に最適なブレンドをした、専用ミックス粉の需要が拡大している。時間をかけずに新商品が開発できる点や、計量ミスなどが防げるという利点もあって、今や各製粉会社が店側からプライベートブランドを依頼されて生産するほどの盛況ぶりだ。

種類は、食パン用粉、フランスパン用粉などと用途に応じた専用粉があったり、食パン用粉でもリッチなものからリーンなものまであったりと豊富。1袋の量についても、従来の20kg、25kgに、5kgや10kgといった少量包装のものも加わり、使いやすくなっている。

また最近では、国産小麦粉を使い、さとうきび糖や海塩などをブレンドしたミックス粉や、野生種に近いスペルト小麦（アレルギーなどにも影響が少ない）の全粒粉を配合したものなど、個性的なミックス粉も登場している。

取材店データ一覧

店　名	住　所	電話番号	営業時間	定休日
『IBIZAパン　焼き人』	東京都目黒区八雲2-8-11第2益戸ビル	03-3718-0700	11時～21時 (月のみ)11時～19時	火曜日
『エスプラン』	神奈川県横浜市鶴見区中央4-1-7	045-501-2147	7時～19時	日曜日
『窯だしパン工房　ロンパル』	大阪府大阪市大正区千島1-9-11	06-6552-5641	6時～18時30分	日曜日
『キートス』	京都府京都市中京区壬生坊町33グランディール朱雀002	075-842-0585	10時～19時	火曜日
『紀伊国屋インターナショナル』	東京都港区北青山3-11-7	03-3409-1231	9時30分～20時	無休
『木村屋總本店　銀座本店』	東京都中央区銀座4-5-7	03-3561-0091	10時～21時30分	無休
『グランディール下鴨店』	京都府京都市左京区下鴨梅の木町44ロジオ下鴨1階	075-701-3956	7時～19時	無休
『個性パン創造　アルル』	東京都豊島区巣鴨1-21-11	03-3944-6804	9時～21時	木曜日
『駒沢モンタボー』	東京都世田谷区深沢4-36-9	03-3507-3895	10時～20時	無休
『コンコルド恵比寿店』	東京都渋谷区恵比寿南2-3-1	03-3792-5088	7時～19時	日曜日
『シェ　カザマ』	東京都千代田区一番町10ウエストビル1階	03-3263-2426	8時30分～20時30分	日曜日
『スピカ・麦の穂』	東京都品川区旗の台5-28-13シュロス旗の台1階	03-3788-5536	11時～19時	月・火曜日
『ドゥー・リーブル』	東京都町田市藤の台団地1-5-101	042-734-5252	9時～19時	水曜日
『中屋パン』	愛知県名古屋千種区今池1-91-16	052-731-7945	10時～20時30分	土・日・祝日 (月・金の祝日は営業)
『ナガフジ』	東京都台東区上野4-9-6	03-3833-7111	10時～20時45分	年末・年始
『Pao』	千葉県松戸市新松戸3-383	047-349-2560	10時～18時	水・日曜日
『花小金井　丸十製パン』	東京都小平市花小金井南町2-17-6	0424-62-2214	7時～18時30分	火曜日
『パネテリーヤ』	北海道札幌市豊平区平岸3-14-3	011-815-7816	9時～20時30分	日曜日
『葉山ボンジュール』	神奈川県三浦郡葉山町堀内745-1	046-875-0855	8時～19時	水曜日
『パン工房　風見鶏』	埼玉県さいたま市井沼方5-1	048-874-5831	10時～19時	日曜・祝日
『パン工房　PaPa』	福島県いわき市常磐藤原町蕨平50	0246-43-3191	11時～20時	無休
『パン工房　パンジャミン店』	埼玉県さいたま市文蔵2-29-19	048-836-2577	8時～19時30分	日曜日
『パンドコナ』	神奈川県横浜市青葉区みたけ台3-18	045-974-4717	9時～19時	火・木曜日
『パンの家ラママン』	東京都国分寺市本町2-23-3	0423-25-5107	10時～18時30分	日曜・祝日
『ヒルサイドパントリー代官山』	東京都渋谷区猿楽町18-12ヒルサイドテラスG-B1	03-3496-6620	11時～19時30分	年末・年始
『ブティック・タイユバン・ロブション』	東京都目黒区三田1-13-1恵比寿ガーデンプレイス内	03-5324-1345	10時～20時	無休
『ブランジェ浅野屋』	東京都新宿区四谷4-4-12	03-3359-0707	8時～19時	年末・年始
『ブランジェリー・コムシノワ』	兵庫県神戸市中央区御幸通7-1-16二宮ビル南館地階	078-242-1506	8時～20時	火曜日
『ブランジェリー& トラットリア　ムッシュムカイ』	大阪府豊中市本町2-1-2	06-4865-3677	営業：10時～21時 月曜祝日の場合は翌火曜日	月曜日
『ブランジュリ　タケウチ』	大阪府大阪市西区京町堀1-15-22	06-6444-2118	8時～18時30分	日曜日
『ブレドール』	神奈川県三浦郡葉山町一色657-1	046-875-4501	8時～19時	火曜日
『ベッカー』	東京都新宿区北町21信幸第2ビル	03-3268-2818	8時～20時	日曜日
『マザーズ・ベーカリー』	神奈川県横浜市青葉区藤が丘2-5	045-973-6555	10時～20時	無休
『まるしや』	千葉県千葉市美浜区高州4-1-3アルス・ノヴァ1階	043-242-5303	8時～20時	日曜日
『ミッシェル』	宮城県仙台市青葉区中央2-6-10荒岩ビル	022-221-2380	8時～20時	無休
『峰屋』	東京都新宿区新宿6-17-12	03-3351-6794	9時～20時	日曜・祝日
『MEIJIDO』	東京都北区王子1-14-8	03-3919-1917	6時30分～20時30分	日曜日
『モルゲン　ベカライ』	東京都府中市白糸台2-66-1	0423-51-0511	9時30分～18時30分	日曜日・隔週木曜日 (日・祭日)8時～18時
『ラ・フーガス』	東京都世田谷区梅丘1-21-2	03-3429-0121	7時30分～20時15分	火曜日
『Levain』	東京都渋谷区富ケ谷2-43-13	03-3468-9669	営業:8時～19時30分 (日・祝日)8時～18時 G・W明け、夏場、冬場の休みに関しては、来店前に電話で連絡をしてください。	定休:月・第3火曜日
『ル・パスポート』	神奈川県平塚市南金目685	046-359-8400	11時30分～14時 17時～20時30分	月曜日
『石上章子さん』	記載不可		月～水曜日	木～日曜日

人気店の
天然酵母パンの技術

発行日　平成14年２月16日初版発行
　　　　平成19年９月４日六版発行

編集制作　旭屋出版編集部編
制作者　永瀬正人
発行者　早嶋　茂
発行所　株式会社　旭屋出版
〒162-8401
東京都新宿区市谷砂土原町3-4
電　話　03-3267-0865（販売）
　　　　03-3267-0867（編集）
　　　　03-3267-0862（広告）
ＦＡＸ　03-3268-0928（販売）
　　　　03-3267-0829（編集）
郵便振替　00150-1-19572
旭屋出版ホームページURL
http://www.asahiya-jp.com

印刷・製本　凸版印刷株式会社

ISBN978-4-7511-0308-1

◎撮影　佐々木雅久
◎アートディレクション　國廣正昭　（ディクト）
◎デザイン　吉野晶子　石野聡子　金井奈々　小高明子
◎編集スタッフ　森　正吾　赤坂　環